コンピュータが育む数学の展開

編｜髙山信毅　濱田龍義

凸多面体と計算

著｜福田公明　森山園子

共立出版

シリーズ発刊に寄せて

数学にはさまざまな分野がある．さまざまな分野でのアルゴリズムの研究とともに，対応する数学ソフトウェアの開発が 1980 年代以降盛んに行われるようになった．また，これらのシステムは新しい数学の研究スタイルを生むことになった．たとえば，多項式環のアルゴリズムを実装したシステム Macaulay は多項式環の研究に新しい流れを生んだ．

編者の一人である濱田はこれらの数学ソフトウェアを集めた計算環境 KNOPPIX/Math，およびその後継である MathLibre を 2003 年からほぼ毎年編集してきた．この環境の構築には多くの人が協力者として参加してきているが，参加者の宴会の席では，数学ソフトウェアで動いてるアルゴリズムの解説，数学研究への利用法，さらには数学ソフトウェアを開発する人の育成などの参考になるようなシリーズを出版できないか，ずいぶん前から話題になっていた．今回この企画が実現にこぎつけることができて，共立出版の大越隆道氏に大きく感謝したい．

この企画は「コンピュータが育む数学の展開」と「コンピュータと数学の織りなす革新」の 2 つの姉妹シリーズとして発刊される．20 世紀後半から爆発的に進展したコンピューターと数学の二つ巴的進展は膨大なものであり，シリーズの案を作成してみたら長大なものになってしまった．これでは読者が迷ってしまうことになりかねないということで，「コンピュータと数学の織りなす革新」は分野によらない全体的な内容や数学ソフトウェアを武器として数学に取り組む新しい方向を目指した内容，「コンピュータによる数学の展開」は数学アルゴリズムを中心としたシリーズとした．もちろん両者融合した巻もある．

数学ソフトウェアに実装されているアルゴリズムには，いろんな製品に使われているものもあれば，数学研究者しか使っていないようなものまでいろいろある．しかし，数学の世界のみのものと思われていたものがすばらしい応用を生んでいった例はたくさんある．本シリーズが数学関係者のみならず，数学を応用していこうという人達にも何らかの参考となり，新しい展開を生んでいくことになれば編者としても望外の喜びである．

高山信毅（神戸大学），濱田龍義（日本大学）

はじめに

多面体計算では，一般次元の凸多面集合に関連する様々な問題を対象とする．本書では，多面体の双対性，Euler の関係，シェラビリティー，McMullen の上限定理，Minkowski–Weyl の定理，超平面アレンジメントの面数公式といった凸多面体の古典的な結果を解説することに加え，計算量理論とアルゴリズム設計の両方の観点から多面体計算における基本的かつ発展的な手法を学ぶ．本書は 12 章で構成されており，読者が順々に読み進めることを前提としている．多面体計算は 1980 年代後半から始まった比較的新しい研究分野であるが，付録の「多面体計算の変遷」で示したとおり医学，工学を始めとする様々な分野に現れる多面体的構造の解析が本質的な問題解決をもたらしたことから，多面体計算の有用性が確かめられてきた．今後も思いがけない分野で多面体計算が重要な役割を果たしていくことだろう．未知の可能性を秘めた多面体計算について本書を通じて学んでほしい．

なお，本書の執筆にあたり数々の助言を頂いた田村明久氏（慶応義塾大学）と鮭川矩義氏（法政大学）に心より感謝の意を表する．

前提知識

多面体計算における発展的なアルゴリズムでは重要な構成要素として線形計画問題を解く手法が用いられており，多面体計算は最適化と密接な関連がある．本書を読むうえでの前提知識は，『計算による最適化入門』（福田公明，田村明久著）[35] のような証明付きの最適化理論である．線形計画法については [16, 35, 66] を，組合せ最適化については [18, 39, 67] をそれぞれ参照されたい．本書に関連するその他の参考文献として，以下を推薦する．

- 凸多面体のテキスト　　[40, 41, 55, 75, 76]
- 多面体のアルゴリズム的かつ組合せ的側面　　[43, 51, 57]
- トポロジーの基本的知識　　[52, 53]

iv はじめに

- 有向マトロイドのテキスト　[10]（導入部分は学位論文 [25] でオンライン公開）
- 計算量のテキスト [73]

また，本書で使用する多面体表現の変換に関するソフトウエアパッケージ LRSLIB [3] や CDDLIB [27] はそれぞれフリー公開のものである.

行列表記法

M と N を有限集合とし，$\boldsymbol{M \times N}$ 行列 ($M \times N$ matrix) を M と N の要素で添字付けされた数あるいは変数の集まり

$$A = (a_{ij} : i \in M,\ j \in N)$$

として定める．ここで，M の各要素を行添字 (row index)，N の各要素を列添字 (column index)，各 a_{ij} を (i, j) 成分 ((i, j)-component, (i, j)-entry) とよぶ.行添字と列添字が文脈から明らかな場合や重要でない場合には，$M \times N$ 行列を単に行列とよぶこともある．正整数 m と n に対して，$m \times n$ 行列とは M と N の要素数がそれぞれ m と n である $M \times N$ 行列を意味する．$[d] := \{1, 2, \ldots, d\}$ とする．今後 $m \times n$ 行列という表現を特に添字集合を定めることなく用い，断りがない限り $m \times n$ 行列は $M = [m]$ と $N = [n]$ を添字集合とする $M \times N$ 行列とみなす．$R \subseteq M$ と $S \subseteq N$ に対して，$R \times S$ 行列 $(a_{rs} : r \in R,\ s \in S)$ を A の小行列あるいは部分行列とよび，$A_{R,S}$ と記述する.

$M \times N$ 行列を，N が単集合 ($\{1\}$ と同一視) であるとき，列ベクトル (column vector) といい，同様に M が単集合 ($\{1\}$ と同一視) であるとき，行ベクトル (row vector) という．断りがない限り，単にベクトル (vector) x と表現したとき，それは列ベクトルを意味する．行ベクトルと列ベクトルは，$x = (x_j : j \in N)$ のように英小文字を用いて表記し，各成分は 1 つの添字集合をもつとする．ベクトル $x = (x_j : j \in N)$ と $y = (y_j : j \in N)$ のすべての $j \in N$ において $x_j < y_j$ であるとき，$x < y$ と表記する．極端な場合として，添字集合 M と N が $\{1\}$ とみなせる行列をスカラー (scalar) という.

行列 A が $i = j$ のとき $a_{ij} = 1$ で，それ以外で $a_{ij} = 0$ を満たすとき単位行列 (identity matrix) といい，I と表記する．単位行列 I の第 j 列ベクトル ($j \in K$)

を e_j と表記し，単位ベクトル (unit vector) とよぶ．すべての成分が 0 である行列を $\mathbf{0}$，1 である行列を $\mathbf{1}$ と表記するが，通常文脈から行と列の添字集合は明らかとする．

　また，成分が実数，有理数，整数に限られる場合には，それぞれ実行列 (real matrix)，有理数行列 (rational matrix)，整数行列 (integer matrix) とよぶ．

　行列 A とスカラー α に対して，A の α 倍を A の各成分を α 倍した行列として定義し，αA と表記する．A の負 (negative) $-A$ は A の -1 倍と定める．$M \times N$ 行列 A に対して，A の転置 (transpose) A^T を，$b_{ij} = a_{ji}$ を満たす $N \times M$ 行列 $B = (b_{ij} : i \in N, j \in M)$ と定める．$M \times N$ 行列 A と B の和 (sum) $A + B$ を，$c_{ij} = a_{ij} + b_{ij}$ を満たす $M \times N$ 行列 $C = (c_{ij} : i \in M, j \in N)$ と定める．$M \times N$ 行列 A と $N \times K$ 行列 B の積 (product) AB を，$c_{ik} = \sum_{j \in N} a_{ij} \times b_{jk}$ を満たす $M \times K$ 行列 $C = (c_{ik} : i \in M, k \in K)$ と定める．$M \times N$ 実行列全体の集合を $\mathbb{R}^{M \times N}$ と表記し，列 N 実ベクトル全体の集合を $\mathbb{R}^N$ と表記する．

　なお，本文の理解の補助として課題を，各章末に演習問題（巻末に解答）を掲載している．課題と演習問題を通じて理解を深めてほしい．

目　　次

はじめに   iii

第1章　　整数，線形方程式，計算量 ———————————— 1

1.1　有理数のサイズ　1

1.2　線形方程式と Gauss の消去法　2

1.3　最大公約数の計算　4

　　　1.3.1　Hermite 標準形の計算 6

　　　1.3.2　格子と Hermite 標準形 11

1.4　双対格子　13

1.5　演習問題　15

第2章　　線形不等式，凸性，多面集合 ———————————— 16

2.1　線形不等式系　16

　　　2.1.1　Fourier–Motzkin 消去法 16

2.2　LP 双対性　19

2.3　凸性に関する 3 つの定理　23

2.4　多面集合の表現　25

2.5　多面集合の構造　28

2.6　基本的な多面集合　33

2.7　具体例：順序多面体　33

2.8　演習問題　37

第3章　　整数包と計算量 ——————————————————— 39

3.1　Hilbert 基底　40

3.2　整数包の構造　42

3.3　混合整数計画の計算量　45

目　次　vii

3.4　多面体の格子点に関する補足　46

3.5　演習問題　47

第4章　多面集合の双対性 ——————————— 48

4.1　面束　48

4.2　活性集合と面表現　50

4.3　錐の双対性　52

4.4　多面体の双対性　54

4.5　双対ペアの例　57

4.6　単純多面体と単体的多面体　57

4.7　グラフと双対グラフ　59

4.8　具体例：ゾノトープ　60

4.9　演習問題　63

第5章　線シェリングとEulerの関係 ——————— 65

5.1　線シェリング　65

5.2　セル複体と見える半球　69

5.3　多くの線シェリング　73

5.4　演習問題　74

第6章　McMullenの上限定理 ————————— 75

6.1　巡回多面体と上限定理　75

6.2　単純多面体とh-ベクトル　77

6.3　具体例：巡回多面体　82

6.4　演習問題　83

第7章　多面体に関する基本計算 ——————— 84

7.1　単純なH-冗長性検査　86

7.2　H-冗長性除去　87

7.3　H-次元の計算　90

7.4　非斉次から斉次への還元　92

7.5　具体例：マッチング多面体　93

viii　　目　　次

7.6　演習問題　99

第8章　多面体表現の変換 ——————————— 100

8.1　インクリメンタルアルゴリズム　101

8.2　ピボットアルゴリズム　105

8.3　ピボットアルゴリズム対インクリメンタルアルゴリズム　110

8.4　具体例：双行列ゲーム　110

8.5　演習問題　114

第9章　超平面アレンジメントと点配置 ——————————— 116

9.1　ケーキカット　116

9.2　超平面アレンジメントとゾノトープ　120

9.3　超平面アレンジメントとゾノトープの面数え上げ　124

9.4　点配置と関連する超平面アレンジメント　125

9.5　演習問題　127

第10章　多面体のMinkowski和 ——————————— 129

10.1　線分のMinkowski和：ゾノトープ構成　129

　　10.1.1　超平面とゾノトープに関する計算 129

　　10.1.2　超平面のセル生成 130

10.2　一般多面体のMinkowski和　133

　　10.2.1　面，Minkowski分解と隣接関係 134

　　10.2.2　V-多面体のMinkowski和の計算量 136

　　10.2.3　ゾノトープ構成アルゴリズムの拡張 138

第11章　多面体計算における問題還元 ——————————— 145

11.1　多面体計算における難しい決定問題　145

11.2　多面体計算における難しい列挙問題　148

目　次　　ix

第12章　ディオファントス近似と格子簡約 ——————— 151

　12.1　ディオファントス近似　151
　12.2　格子簡約　154
　12.3　格子簡約の応用　159

付録　多面体計算の変遷 ——————————————— 162

演習問題の解答 ——————————————————— 167

参考文献 —————————————————————— 183

索　引 ——————————————————————— 188

第 1 章

整数，線形方程式，計算量

1.1 有理数のサイズ

アルゴリズムの計算量 (complexity) とは，入力データの 2 進符号サイズ (binary encoding size) をアルゴリズムの入力サイズとしたときに，同じサイズの入力例を解くうえで必要となる算術演算数 (arithmetic operation) の上界である．以下では，2 進符号サイズをサイズと略記することがある．**多項式計算量** (polynomial complexity) という場合は，算術演算数が入力サイズの多項式関数 (polynomial function) で上からおさえられることに加え，そのアルゴリズムで生成される出力のサイズも，入力サイズの多項式関数で上からおさえられなければならない．まず，有理数，有理数ベクトル，有理数行列のサイズを定義する．

互いに素である $p \in \mathbb{Z}$ と $q \in \mathbb{N}$ を用いて有理数 $r = p/q$ を定める．r の 2 進符号サイズを

$$\mathrm{size}(r) := 1 + \lceil \log_2(|p|+1) \rceil + \lceil \log_2(q+1) \rceil \tag{1.1}$$

と定める．また，有理数ベクトル $v = [v_i] \in \mathbb{Q}^n$ および有理数行列 $A = [a_{ij}] \in \mathbb{Q}^{m \times n}$ の 2 進符号サイズを

$$\mathrm{size}(v) := n + \sum_{i=1}^{n} \mathrm{size}(v_i), \tag{1.2}$$

$$\mathrm{size}(A) := mn + \sum_{i=1}^{m} \sum_{j=1}^{n} \mathrm{size}(a_{ij}) \tag{1.3}$$

と定める．

▶ **課題** 1.1　演習問題 1.1 を考えよ．

2 第1章 整数, 線形方程式, 計算量

1.2 線形方程式と Gauss の消去法

定理 1.1 有理数正方行列 A の行列式 (determinant) のサイズは size(det(A)) $< 2\,\mathrm{size}(A)$ として多項式関数で上からおさえられる.

証明 det(A) の値を p/q, A の各成分 a_{ij} を p_{ij}/q_{ij} と表す. また, size(A) を δ と表す.

初めに,

$$q \leq \prod_{i,j} q_{ij} < 2^{\delta-1} \tag{1.4}$$

を見る. 後者の不等号は, 両辺の $\log_2$ をとることで得られる. 行列式の定義から,

$$|\det(A)| \leq \prod_{i,j}(|p_{ij}|+1) \tag{1.5}$$

が得られる. (1.4) と (1.5) を組み合わせて,

$$|p| = |\det(A)|q \leq \prod_{i,j}\prod_{i,j}(|p_{ij}|+1)q_{ij} < 2^{\delta-1} \tag{1.6}$$

を得る. 後者の不等号は, 再び両辺の $\log_2$ をとることで得られる. その結果, (1.4) と (1.6) から

$$\mathrm{size}(\det(A)) = 1 + \lceil\log_2(|p|+1)\rceil + \lceil\log_2(q+1)\rceil$$
$$\leq 1 + (\delta-1) + (\delta-1) < 2\delta \tag{1.7}$$

が導かれる. □

系 1.2 有理数正方行列 A の逆行列のサイズは, size(A) に関する多項式関数で上からおさえられる.

系 1.3 有理数係数をもつ線形方程式系 $Ax = b$ が解をもつとき, その解のサイズは $[A, b]$ のサイズに関する多項式関数で上からおさえられる.

ここで Jack Edmonds (1967) の定理を紹介する.

1.2 線形方程式と Gauss の消去法 3

定理 1.4 有理数係数をもつ線形方程式系を $Ax = b$ とする．このとき，Gauss または Gauss–Jordan の消去法によって，解 x または実行不可能性 (infeasibility) の証拠，つまり $\lambda^T A = \mathbf{0}$ と $\lambda^T b \neq 0$ を満たす λ を見つける多項式時間アルゴリズムが存在する．

証明 行列 $[A, b]$ のサイズを Δ と表す．Gauss の消去法の中で現れるどのような数のサイズも入力サイズに関する多項式関数で上からおさえられることを示す必要がある．ここで，ピボットの正規化 (normalization) をせずに Gauss–Jordan の消去法を用いる．この操作を k 回適用したあとの行列を $\widehat{A}$ とする．つまり，可能な限り行消去および列消去をした後に

$$
\begin{array}{c}
\begin{array}{cccc} & 1 & \cdots \quad k & s \end{array} \\
\widehat{A} = \begin{array}{c} 1 \\ \vdots \\ k \\[4pt] \\ r \\ \\ \end{array}
\left[
\begin{array}{ccc|c}
\hat{a}_{11} & 0 \cdots \quad 0 & \\
0 & \ddots \quad 0 & \\
0 & \cdots 0 \ \hat{a}_{kk} & \\
\hline
0 & \cdots \quad 0 & \\
0 & \ddots \quad 0 & \hat{a}_{rs} \\
0 & \cdots \quad 0 & \\
\end{array}
\right]
\end{array}
\tag{1.8}
$$

が得られる．$i = 1, \ldots, k$ において $\hat{a}_{ii} \neq 0$ である一方で，$\hat{a}_{ii}$ と a_{ii} は $i > 1$ において等しいとは限らない．

$K = \{1, \ldots, k\}$ とする．$s > k$ であるすべての成分 $\hat{a}_{rs}$ のサイズを評価する必要がある．$r > k$ のとき，

$$
\hat{a}_{rs} = \frac{\det(\widehat{A}_{K \cup \{r\}, K \cup \{s\}})}{\det(\widehat{A}_{K,K})} = \frac{\det(A_{K \cup \{r\}, K \cup \{s\}})}{\det(A_{K,K})}
\tag{1.9}
$$

である．正規化せずに行の基本変形 (elementary row operation) をしても，K を行の添字として含む A の任意の部分行列の行列式の値は変わらないことから，後者の等式が成立する．したがって，$\mathrm{size}(\hat{a}_{rs}) < 4\Delta$ である．$r \leq k$ のとき，同様の議論から $\mathrm{size}(\hat{a}_{rs}) < 8\Delta$ が得られる．変換された右辺 $\hat{b}_r$ のサイズに関する上界も同様に導かれる．この系が解をもつとき，アルゴリズムの最後のステップで $i = 1, \ldots, k$ における $x_i = \hat{b}_i / a_{ii}$ と $j > k$ における $x_j = 0$ により定義さ

4   第 1 章 整数，線形方程式，計算量

れる解が存在する．この解のサイズは明らかに多項式関数で上からおさえられ
ている．この系に解が存在しないとき，すべてがゼロである行 $\hat{A}_r$ と $\hat{b}_r \neq 0$ が
ある．十分条件である λ を効率よく見つける方法については，読者への課題と
する．   □

▶ **課題** 1.2 演習問題 1.2 を考えよ．

▶ **課題** 1.3 A および b の各項が整数であるとき，Gauss–Jordan の消去法の
途中で現れる行列で整数性を保ち，かつアルゴリズムの多項式性を維持するよ
うに，Gauss–Jordan の消去法を書き換えよ．
ヒント：行列の各行は適切にスケーリングできる．

1.3 最大公約数の計算

与えられた 2 つの正の整数 a と b の最大公約数 (GCD) はアルゴリズム 1.1 の
反復により求められる．このアルゴリズムは整数に限らず有理数 a と b にも適
用可能である．

▶ **課題** 1.4 アルゴリズム 1.1 を $a = 212$ と $b = 288$ に適用せよ．

▶ **課題** 1.5 演習問題 1.3 を考えよ．

このアルゴリズムでは最大公約数を求めているだけではない．最大公約数に
関連する行列操作からアルゴリズムのすべての動作を確認する．アルゴリズム

アルゴリズム 1.1 Euclid のアルゴリズム

```
procedure EuclideanAlgorithm(a, b);
begin
    if a < b then swap a and b;
    while b ≠ 0 do
    begin
        a := a − ⌊a/b⌋ × b;
        swap a and b;
    end;
    output a;
end.
```

で用いられる 2 つの行列操作を見てみよう.

$$\begin{bmatrix} a & b \end{bmatrix} \begin{bmatrix} 0 & 1 \\ 1 & 0 \end{bmatrix} = \begin{bmatrix} b & a \end{bmatrix}, \tag{1.10}$$

$$\begin{bmatrix} a & b \end{bmatrix} \begin{bmatrix} 1 & 0 \\ -\lfloor a/b \rfloor & 1 \end{bmatrix} = \begin{bmatrix} a - \lfloor a/b \rfloor \times b & b \end{bmatrix}. \tag{1.11}$$

2 つの基本変換行列 (elementary transformation matrix)

$$\begin{bmatrix} 0 & 1 \\ 1 & 0 \end{bmatrix} \ (\text{互換}), \qquad \begin{bmatrix} 1 & 0 \\ -\lfloor a/b \rfloor & 1 \end{bmatrix} \ (\text{剰余}) \tag{1.12}$$

が整数行列で,その行列式が $+1$ または -1 であることが重要である.つまり,これらの変換により,線形方程式

$$\begin{bmatrix} a & b \end{bmatrix} \begin{bmatrix} x \\ y \end{bmatrix} = c \quad (\text{i.e.,} \ ax + by = c) \tag{1.13}$$

で整数解の存在が保証される.Euclid のアルゴリズムを a と b に適用する過程で登場するすべての変換行列の積を $T \in \mathbb{Z}^{2 \times 2}$ とする.ここで,$|\det T| = 1$ であり,かつ

$$\begin{bmatrix} a & b \end{bmatrix} T = \begin{bmatrix} a' & 0 \end{bmatrix} \tag{1.14}$$

である.ただし,a' は Euclid のアルゴリズムの出力,つまり $\mathrm{GCD}(a, b)$ である.

このアルゴリズムにより線形ディオファントス方程式 (linear Diophantine equation)

$$\begin{bmatrix} x \\ y \end{bmatrix} \in \mathbb{Z}^2 \ : \ \begin{bmatrix} a & b \end{bmatrix} \begin{bmatrix} x \\ y \end{bmatrix} = c \tag{1.15}$$

の一般解を求める過程を見よう.変換行列 T が計算されれば,あとは自明である.T は整数行列で,その行列式は -1 または 1 であるので,

$$\left\langle \exists \begin{bmatrix} x \\ y \end{bmatrix} \in \mathbb{Z}^2 : \begin{bmatrix} a & b \end{bmatrix} \begin{bmatrix} x \\ y \end{bmatrix} = c \right\rangle \Leftrightarrow \left\langle \exists \begin{bmatrix} x' \\ y' \end{bmatrix} \in \mathbb{Z}^2 : \begin{bmatrix} a & b \end{bmatrix} T \begin{bmatrix} x' \\ y' \end{bmatrix} = c \right\rangle$$

$$\Leftrightarrow \left\langle \exists \begin{bmatrix} x' \\ y' \end{bmatrix} \in \mathbb{Z}^2 : \begin{bmatrix} a' & 0 \end{bmatrix} \begin{bmatrix} x' \\ y' \end{bmatrix} = c \right\rangle \Leftrightarrow \left\langle a' | c \ (a' \ \text{が} \ c \ \text{を割る}) \right\rangle$$

が成り立つ. 最後に, $a'|c$ であるとき, $x' := c/a'$ とし, y' を任意の整数とする. ここで, $y' \in \mathbb{Z}$ において

$$\begin{bmatrix} x \\ y \end{bmatrix} := T \begin{bmatrix} x' \\ y' \end{bmatrix} = T \begin{bmatrix} c/a' \\ y' \end{bmatrix} \tag{1.16}$$

がディオファントス方程式 (1.15) の一般解である.

1.3.1 Hermite 標準形の計算

(行列形式の) Euclid のアルゴリズムを整数変数を持つ線形方程式系に拡張することにより, 線形ディオファントス問題を解く手続きが得られる.

$$x \in \mathbb{Z}^n \ : \ Ax = b \tag{1.17}$$

ただし, $A \in \mathbb{Z}^{m \times n}, b \in \mathbb{Z}^m$ であり, 行列 A は, その行数がランクと一致する (行フルランク (full row rank)) と仮定する. それ以外の場合は, この条件を満たす問題に還元するか, または $Ax = b$ を満たす $x \in \mathbb{R}^n$ が存在しないことを示せる.

有理数からなる A と b を入力とするより一般的な問題は, 整数を入力とする等価な問題へと容易に書き換えられる.

定理 1.5 $|\det T| = 1$ を満たす $n \times n$ の整数行列 T のうち, AT が $[B\ \mathbf{0}]$ の形で表せるものを見つける有限収束のアルゴリズムが存在する. ただし, $B = [b_{ij}]$ は正則 (nonsingular) かつ下三角の $m \times m$ 非負整数行列であり, 任意の $i = 1, \ldots, m$ と $j = 1, \ldots, i-1$ において $b_{ii} > 0$ かつ $b_{ij} < b_{ii}$ である.

この行列 $[B\ \mathbf{0}]$ は Hermite 標準形 (Hermite normal form) として知られ, 一意に定まることが示される.

系 1.6 線形ディオファントス問題 (1.17) に解 x が存在しないことと, $z^T A$ が整数でありかつ $z^T b$ が分数となる $z \in \mathbb{Q}^m$ が存在することは同値である.

証明 十分条件は自明である. 必要条件を証明するために, $\nexists x \in \mathbb{Z}^n : Ax = b$ を仮定する. 定理 1.5 により与えられる整数行列を T とする. $|\det T| = 1$ で

あるので，以下の同値性が得られる．

$$\langle \nexists x \in \mathbb{Z}^n : A\,x = b \rangle \Leftrightarrow \langle \nexists x' \in \mathbb{Z}^n : A\,T\,x' = b \rangle$$
$$\Leftrightarrow \langle \nexists x' \in \mathbb{Z}^n : \lfloor B\,\mathbf{0} \rfloor\,x' = b \rangle \Leftrightarrow \langle B^{-1}b \text{ は整数ではない} \rangle .$$

$B^{-1}b$ は整数ではないので，$z^T b$ が分数となる B^{-1} の行ベクトル z^T が存在する．$B^{-1}A\,T = [I\,\mathbf{0}]$ であるので，$B^{-1}A = [I\,\mathbf{0}]T^{-1}$ であり，かつ $|\det T| = 1$ より $B^{-1}A$ は整数行列である．したがって，$z^T A$ は整数である． $\square$

単純なディオファントス方程式については，線形ディオファントス問題 (1.17) の一般解を書くことができる．

系 1.7 $A \in \mathbb{Q}^{m \times n}$ を行フルランクの行列，$b \in \mathbb{Q}^m$，$A\,T = [B\,\mathbf{0}]$ を A の Hermite 標準形とする．このとき以下が成り立つ．

(a) 線形ディオファントス問題 (1.17) が解をもつことと，$B^{-1}b$ が整数であることは同値である．

(b) $B^{-1}b$ が整数であるとき，(1.17) の一般解 x は任意の $z \in \mathbb{Z}^{n-m}$ において

$$x = T \begin{bmatrix} B^{-1}b \\ z \end{bmatrix} \tag{1.18}$$

と表される．

さて，主定理である定理 1.5 を証明しよう．

定理 1.5 の証明 定理 1.5 の証明には，(1.12) で用いた操作を拡張した A に関する 3 つの基本（列）変形 (elementary matrix (column) operation) が関わる．

(c-0) A の列に -1 を掛ける．

(c-1) A の 2 つの列を入れ替える．

(c-2) A の列に整数を乗じたものを A の別の列に加える．

(c-1) と (c-2) はすでに使われており，(c-0) は単に A に現れうる負の要素を扱うためである．各操作は $A\,T$ の形で書くことができる．ここで，T は単模行列 (unimodular matrix)，つまり，行列式が -1 または 1 に等しい整数行列である．このアルゴリズムは 1 行目，2 行目，そして最後の行まで作用する．最初の

$k \ (\geq 0)$ 行は適切に変換済みであると仮定する．つまり，$T = T_1 T_2 \cdots T_s$ であり，かつ

$$A_k := A\,T = \begin{bmatrix} B' & \mathbf{0} \\ C & A' \end{bmatrix} \tag{1.19}$$

である一連の行列 $T_1, T_2, \ldots, T_s$ がある．ここで，B' は $k \times k$ 行列であり，最後の B として求められる形になっている．つまり，正則かつ下三角である非負整数行列で，任意の $i = 1, \ldots, k$ と $j = 1, \ldots, i-1$ において $b'_{ii} > 0$ かつ $b'_{ij} < b'_{ii}$ である．さて，A_k の $k+1$ 行目，本質的には A' の 1 行目を処理する．A' の 1 行目は $n-k$ 個の整数からなり，残りを A'' と表すと，

$$A' = \begin{bmatrix} a'_{11}\ a'_{12}\ \cdots\ a'_{1(n-k)} \\ A'' \end{bmatrix} \tag{1.20}$$

となる．ここで，Euclid のアルゴリズムを適用して，$n-k$ 個の整数の最大公約数 α を見つける．このため，まず操作 (c-0) を用いて，整数をすべて非負にする．次に，残りの操作は (c-1) と (c-2) であり，1 行目は $[\alpha\ 0\ 0\ \cdots\ 0]$ に変換される．これは全体の行列 A_k の形で（ある T' において）

$$A_k\,T' = \begin{bmatrix} B' & \mathbf{0} \\ C & \alpha\ 0\ 0\ \cdots\ 0 \\ & A''' \end{bmatrix} \tag{1.21}$$

となる．行フルランクの仮定から α は真に正である．さらに，α の整数倍を加えることにより，すべての要素 $c'_{11}, \ldots, c'_{1k}$ が α より小さくなるように C の 1 行目の要素を減じることができる．

$$A_k\,T'\,T'' = \begin{bmatrix} B' & \mathbf{0} \\ c'_{11}\ \cdots\ c'_{1k} & \alpha\ 0\ 0\ \cdots\ 0 \\ C'' & A''' \end{bmatrix}. \tag{1.22}$$

ここで，のぞまれた B の形で $(k+1) \times (k+1)$ 主小行列 (principal matrix) を構成できた． □

　このアルゴリズムは有限収束である一方で，その良さは明らかでない．途中で出現する数の最大サイズは急激に大きくなってしまう．アルゴリズムを多項式時間にする方法について，あとで議論する．

例 1.1　手計算が可能な単純な例を示す.

$$A = \begin{bmatrix} -8 & 10 & -4 \\ -4 & -2 & 8 \end{bmatrix},$$

$$A_1 = \begin{bmatrix} 2 & 0 & 0 \\ 14 & 20 & -36 \end{bmatrix},$$

$$A_2 = [B\ \mathbf{0}]$$

$$= \begin{bmatrix} 2 & 0 & 0 \\ 2 & 4 & 0 \end{bmatrix}.$$

$A_2 = A\,T$ とする変換行列 (transformation matrix) T は

$$T = \begin{bmatrix} 6 & -2 & 9 \\ 7 & -2 & 10 \\ 5 & -1 & 7 \end{bmatrix}$$

である.

例 1.2　（ランダムに生成した）以下の例で成分が急激に大きくなる様子を示す. 以下の計算は手計算では煩雑であるので, 計算プログラム（課題 1.6）が必要である.

$$A = \begin{bmatrix} -100 & -32 & 140 & 168 & 147 \\ 68 & -16 & -125 & 168 & 7 \\ -12 & -28 & -50 & 147 & -133 \\ -60 & 64 & -65 & 28 & 28 \end{bmatrix},$$

$$A_1 = \begin{bmatrix} 1 & 0 & 0 & 0 & 0 \\ -523 & 944 & 159 & 320 & 1976 \\ -115 & 604 & 54 & 151 & 388 \\ 976 & -2080 & -565 & -156 & -3652 \end{bmatrix},$$

$$A_2 = \begin{bmatrix} 1 & 0 & 0 & 0 & 0 \\ 0 & 1 & 0 & 0 & 0 \\ -1489619 & -2848 & -495 & 5739 & -1722 \\ -37305137 & -71331 & -6180 & 143636 & -29988 \end{bmatrix},$$

$$A_3 = \begin{bmatrix} 1 & 0 & 0 & 0 & 0 \\ 0 & 1 & 0 & 0 & 0 \\ 1 & 2 & 3 & 0 & 0 \\ -299296004657 & -572624931 & -602688 & 309680 & 1400700 \end{bmatrix},$$

$$A_4 = [B\ \mathbf{0}]$$

$$= \begin{bmatrix} 1 & 0 & 0 & 0 & 0 \\ 0 & 1 & 0 & 0 & 0 \\ 1 & 2 & 3 & 0 & 0 \\ 43 & 129 & 12 & 140 & 0 \end{bmatrix}.$$

ここで $A_4 = A\,T$ における変換行列 T は

$$\begin{bmatrix} -807814365429333 & -1545542680854 & -1626716396 & -377867 & 1101240 \\ -1448925874428057 & -2772142804282 & -2917738997 & -677754 & 1975225 \\ -731120268289411 & -1398808473625 & -1472275536 & -341992 & 996688 \\ -365381147997122 & -699061793372 & -735777339 & -170912 & 498100 \\ 248937455097979 & 476277073276 & 501291704 & 116444 & -339360 \end{bmatrix}$$

である.

観察 1.8　上の例では，アルゴリズムの過程で現れる数が大きくなっている．よく見られる現象であるが，アルゴリズムが指数的であるかどうかはわからない．多項式時間で動作するようにアルゴリズムを変更する手法がある.

▶ **課題** 1.6　行フルランクである整数行列 A の Hermite 標準形を計算するプログラムを書いてみよう．C/C++ with GNU gmp, Mathematica, Maple, Sage や Python などの任意精度の整数計算がサポートされている環境を使うこと.

1.3.2　格子と Hermite 標準形

行列 $A \in \mathbb{Q}^{m \times n}$ の Hermite 標準形と A（の列集合）から生成される格子 (lattice) との間には密接な関係がある．A から生成される格子 $L(A)$ は

$$L(A) = \{y : y = Ax, \ x \in \mathbb{Z}^n\} \tag{1.23}$$

と定義される．格子 $L(A)$ が全空間 $\mathbb{R}^m$ を張るとき，つまり A の行フルランクであるとき，$L(A)$ は**全次元的** (full dimensional) であるという．

> **補題 1.9**　Hermite 標準形が $[B \ \mathbf{0}]$ である行フルランクの有理数行列を A とする．このとき $L(A) = L([B \ \mathbf{0}])$ である．

証明　ある単模行列 T において $AT = [B \ \mathbf{0}]$ であることに従う．　　　　□

> **定理 1.10**　Hermite 標準形がそれぞれ $[B \ \mathbf{0}]$, $[B' \ \mathbf{0}]$ である行フルランクの有理数行列を A, A' とする．このとき，行列 A と A' が同じ格子を生成すること，つまり，$L(A) = L(A')$ であることと，$B = B'$ であることは同値である．

証明　$B = B'$ のとき $L(A) = L(A')$ であるので，十分性については明らかである．

$L := L(A) = L(A')$ と仮定する．このとき，補題 1.9 から $L = L(B) = L(B')$ となる．B と B' の第 k 列をそれぞれ B_k と B'_k と表す．ここで，B_k と B'_k がどの $k = 1, \ldots, m$ でも等しいことを示す．まず，最初の $(k-1)$ 要素がすべてゼロで第 k 要素が正であるという性質 $(*)$ をもつ L の中に，B_k と B'_k が存在することを見よう．B は Hermite 標準形であることから，B_k は，第 k 要素が可能な限り最も小さい，性質 $(*)$ を満たす L の中のベクトルである．同じことが B'_k についてもいえるので，$k = 1, \ldots, m$ において $b_{kk} = b'_{kk}$ となる．加えて，B は Hermite 標準形であるので，B_k は $(*)$ を満たす非負要素からなる辞書式順序 (lexicographically smallest) 最小のベクトルであり，B'_k も同じである．そのようなベクトルは一意に定まるので，$B_k = B'_k$ である．　　　　□

12   第1章　整数，線形方程式，計算量

系 1.11　行フルランクである有理数行列の Hermite 標準形は一意に定まる．

最大次元の格子 $L(A)$ の基底 (basis) とは，$L(A) = L(B)$ を満たす正則行列 B である．定理 1.5 から以下の系が直接導かれる．

系 1.12　行フルランクの有理数行列 A において，その格子 $L(A)$ に基底がある．

▶ **課題 1.7**（演習問題 1.5 参照）　A を行フルランクの有理数行列とし，B を $L(A)$ の基底，列ベクトルが $L(A)$ の点である $m \times m$ の正則行列を B' とする．以下が成立することを示せ．

1. $|\det(B)| \le |\det(B')|$.
2. B' が $L(A)$ の基底であることと，$|\det(B)| = |\det(B')|$ であることは同値である．

上の 1. を用いて，この Hermite 標準形のサイズが小さいことを示す．

定理 1.13　行フルランクである有理数行列 A の Hermite 標準形のサイズは，$\mathrm{size}(A)$ に関する多項式でおさえられる．

証明　$[B\ 0]$ を A の Hermite 標準形とし，A の任意の正則な $m \times m$ 部分行列（ただし，$L(A)$ の基底である必要はない）を B' とする．まず，$\det(B) > 0$ である．課題 1.7 (a) より，$\det(B) \le |\det(B')|$ である．定理 1.1 により，この不等式から，$\det(B)$ のサイズは $\mathrm{size}(A)$ に関する多項式でおさえられることが導かれる．

B は下三角行列であるので，$\det(B)$ は対角成分 b_{ii} $(i = 1, \ldots, n)$ の積である．したがって，各成分 b_{ii} のサイズは $\det(B)$ のサイズより小さいので，$\mathrm{size}(A)$ に関する多項式でおさえられる．B は Hermite 標準形であるので，各非対角成分 b_{ij} は b_{ii} より小さいかまたは等しく，同じ性質を持つ．　　　□

上の定理は，この Hermite 標準形が多項式時間で計算可能であることを示唆している．事実，前項のアルゴリズムの過程で生成された数の最大サイズを制御できる．

そのアルゴリズムの1つを示す．まず，与えられた行フルランクの行列 A を

$$\widehat{A} := \left[\begin{array}{c|cccc} & M & 0 & \cdots & 0 \\ A & 0 & \ddots & & 0 \\ & 0 & \cdots & 0 & M \end{array} \right] \tag{1.24}$$

のように拡張する．ここで，M を A の任意の基底 B' に対する正の整数 $|\det(B')|$ とする．まず，この新しい行列が A と同じ格子を生成することを観察する．

▶ **課題 1.8** $L(\widehat{A}) = L(A)$ を示せ．

したがって，$\widehat{A}$ の Hermite 標準形を計算することは A の Hermite 標準形を計算することと同値である．ここで，加えられた列があるので，最後の m 列のゼロではない定数倍を加えることにより，最初の n 列に現れる要素を減らして，すべての項を非負かつ高々 M にできる．Euclid のアルゴリズムを各行に適用する前にこの還元を実行する．size(M) は size(A) の多項式でおさえられることから，$\widehat{A}$ の各行に適用される Euclid のアルゴリズムで現れる算術演算数および数のサイズを小さくできる．

より詳しい議論については Schrijver の本 [66, Section 5.3] を見てほしい．定理 1.13，系 1.3 と定理 1.4 から以下の重要な帰結が得られる．

系 1.14 行フルランクである任意の有理数行列 A には，AT が A の Hermite 標準形であり，size(T) が A のサイズの多項式でおさえられる変換行列 T が存在する．また，この行列は多項式時間で計算可能である．

1.4 双対格子

$\mathbb{R}^m$ 上の格子 L に対して，その**双対格子** (dual lattice) L^* を

$$L^* := \{y \in \mathbb{Q}^m : y^T z \in \mathbb{Z},\ \forall z \in L\} \tag{1.25}$$

と定義する．L が行列 A で生成されるとき，

$$L^* = (L(A))^* = \{y \in \mathbb{Q}^m : y^T A \in \mathbb{Z}^n\} \tag{1.26}$$

となる．（行フルランクと仮定する）A の Hermite 標準形 $[B\ \mathbf{0}]$ において，その

双対格子は B^{-1} の転置（とその行）により生成される．つまり，

$$L^* = L((B^{-1})^T) \tag{1.27}$$

である．この理由を考えてみよう．$L' = L((B^{-1})^T)$ として，$L' = L^*$ を示す．$B^{-1}B = I$ であり，L は B（の列）により生成されるので，B^{-1} の各行は L の任意のベクトルとの内積が整数となる．これにより $L' \subseteq L^*$ が示される．逆に，L^* の任意のベクトル y をとり，$s^T = y^T B$ とする．L^* の定義から $s \in \mathbb{Z}^m$ となる．$y^T = s^T B^{-1}$ より，y は B^{-1} の行の整数係数による線形結合 (linear combination) である．以上により，$L' \supseteq L^*$ であることが証明された．

例 1.3 図 1.1 の左図は

$$A = \begin{bmatrix} 1 & 1 \\ -1 & 2 \end{bmatrix}$$

で生成される格子を表す．その Hermite 標準形は $B = \begin{bmatrix} 1 & 0 \\ 2 & 3 \end{bmatrix}$ であり，その逆行列は $B^{-1} = \begin{bmatrix} 1 & 0 \\ -\frac{2}{3} & \frac{1}{3} \end{bmatrix}$ となる．主格子 (primal lattice) $L(A)$ は B の列から生成される一方で，その双対格子 $(L(A))^*$ は B^{-1} の行から生成される．図 1.1 の右図は（部分的に）同じ倍率で双対格子を表している．

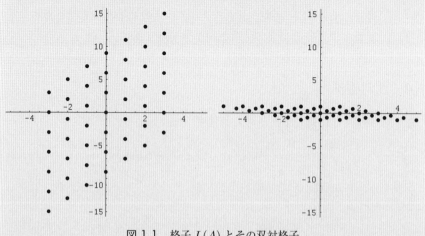

図 1.1 格子 $L(A)$ とその双対格子

1.5 演習問題

▶ **演習問題 1.1 有理数** 任意の 2 つの有理数 r と s について，

1. $\mathrm{size}(r \times s) \leq \mathrm{size}(r) + \mathrm{size}(s)$
2. $\mathrm{size}(r + s) \leq 2(\mathrm{size}(r) + \mathrm{size}(s))$

を示せ．

▶ **演習問題 1.2 行列サイズ** 定理 1.4 の証明を完成させるため，$r \leq k$ のとき不等式 $\mathrm{size}(\hat{a}_{rs}) < 8\Delta$ であることを導け．

▶ **演習問題 1.3 Euclid のアルゴリズム**

1. Euclid のアルゴリズムが正しい理由を説明せよ．
2. アルゴリズムの時間計算量を解析せよ．

▶ **演習問題 1.4 Hermite 標準形**

$$A = \begin{bmatrix} -4 & 6 & -6 & -6 \\ 6 & -3 & -9 & -3 \\ 4 & -3 & 9 & -3 \end{bmatrix}$$

1. 行列 A の Hermite 標準形 $[B\ \mathbf{0}]$ を手で計算せよ．
2. $x \in \mathbb{Z}^4$ においてディオファントス方程式系 $Ax = b$, $Ax = b'$ を解け．ここで

$$b = \begin{bmatrix} 0 \\ 12 \\ 18 \end{bmatrix}, \qquad b' = \begin{bmatrix} 4 \\ 6 \\ 3 \end{bmatrix}$$

   である．系に解が存在しないときは，実行不可能性に関する証拠を示せ．
3. 手計算または Maple や Mathematica といったソフトウエアを用いて $A\,T = [B\ \mathbf{0}]$ を満たす変換行列 T を計算せよ．
4. (b) における任意の実行可能な方程式系の一般解を求めよ．

▶ **演習問題 1.5 格子基底** 課題 1.7 を解け．

第 2 章

線形不等式，凸性，多面集合

2.1 線形不等式系

$A \in \mathbb{Q}^{m \times d}$, $b \in \mathbb{Q}^m$ において，有理数係数の線形不等式系

$$Ax \le b \qquad (2.1)$$

を考える．この系の解集合

$$P = P(A, b) := \{x \in \mathbb{R}^d : Ax \le b\} \qquad (2.2)$$

は $\mathbb{R}^d$ の部分集合であり，**凸多面集合** (convex polyhedron) として知られる．

$\mathbb{R}^d$ の部分集合 C の任意の 2 点 u, v を結ぶ線分 $[u, v] := \{x : x = \alpha u + (1-\alpha)v, 0 \le \alpha \le 1\}$ が C に完全に含まれるとき，C は**凸** (convex) であるという．つまり，P は凸集合である．有界な (bounded) 凸多面集合を**凸多面体** (convex polytope) という．

点 x が凸集合 C の**端点** (extreme point) であるとは，$x \in C$ でありかつ x と異なる C の任意の 2 点 u, v を結ぶ線分上に x がないときである．一般的な凸集合と異なり，凸多面集合 P は有限個の端点のみからなる．定理 2.14 でより一般的な形を示す．

図 2.1 の左と中央は $\mathbb{R}^3$ 上の中心対称 (centrally symmetric) な多面体であり，右はランダムに生成されたものである．右の多面体は，非負象限に含まれる有界な多面集合（多面体）または非負象限の一部を含む有界な多面集合と解釈できる．

2.1.1 Fourier–Motzkin 消去法

m 本の n 変数不等式からなる系 (2.1) がある．この系を解くとは，系を満た

図 2.1 多面体

す有理数ベクトル x を見つけるか,または系の矛盾を見出すことである.後者については,Gale の二者択一定理から示される.

定理 2.1 (Gale の二者択一定理 (Theorem of Alternatives)) 任意の $A \in \mathbb{R}^{m \times d}$ と $b \in \mathbb{R}^m$ において,以下の一方のみが成立する:

(a) $\exists x \in \mathbb{R}^d : Ax \leq b$.
(b) $\exists z \in \mathbb{R}^m : z \geq \mathbf{0}$, $z^T A = \mathbf{0}$, $z^T b < 0$.

(a) と (b) の両方が同時に満たされないことはすぐにわかる.なぜなら,0 がある(厳密に)負の数より小さいかまたは等しいことになるからである.つまり,この定理の自明でない部分は,(a) と (b) の一方が常に成立することである.定理を構成的に証明する方法がいくつかある.

ここでは,Fourier と Motzkin によるおそらく最も単純な構成的証明を示す.証明の概要は,不等式系 (2.1) を,1 つ以上の変数を減らした同じ形式の等価な系へと変形することである.

まず,最後の変数 x_d の係数 a_{id} に着目して,不等式系 (2.1) を書き換える.行の添字を 3 つの集合

$$I^+ := \{i \mid a_{id} > 0\}, \quad I^- := \{i \mid a_{id} < 0\}, \quad I^0 := \{i \mid a_{id} = 0\}$$

へと分割しよう.x_d に関する各不等式を解くことで,不等式系 (2.1) を

$$\begin{aligned} f_i(x') &\leq x_d, & \forall i \in I^+, \\ g_j(x') &\leq x_d, & \forall j \in I^-, \\ h_k(x') &\leq 0, & \forall k \in I^0 \end{aligned}$$

18   第 2 章　線形不等式，凸性，多面集合

と書き換える．ここで，x' は最後の項が削除されたベクトル x，つまり $x' = (x_1, \ldots, x_{d-1})^T$ であり，各関数 f_i, g_j, h_k は $d-1$ 変数のアフィン関数 (affine function) を表す．

不等式系 (2.1) が $d-1$ 変数からなる新しい系と等価であること（課題 2.1）を示すことは難しくない．

$$g_j(x') \leq f_i(x'), \qquad \forall(i, j) \in I^+ \times I^-,$$
$$h_k(x') \leq 0, \qquad\qquad \forall k \in I^0$$

であるので，この系は

$$A'x' \leq b' \tag{2.3}$$

と書ける．

▶ **課題 2.1**　「$Ax \leq b$ が解を持つ $\Leftrightarrow$ $A'x' \leq b'$ が解を持つ」の等価性を証明せよ．

すべての変数を消去するまで，変数 x_{d-1}，次は x_{d-2} と順々に消去していく．この消去により，等価な線形不等式系が生成される．

$$A^{(0)}x^{(0)} \leq b^{(0)} \quad (\text{元の系 } Ax \leq b)$$
$$\Updownarrow$$
$$A^{(1)}x^{(1)} \leq b^{(1)} \quad (\text{上述の } A'x' \leq b')$$
$$\Updownarrow$$
$$A^{(2)}x^{(2)} \leq b^{(2)}$$
$$\Updownarrow$$
$$\vdots$$
$$\Updownarrow$$
$$A^{(d)}x^{(d)} \leq b^{(d)}.$$

ただし，$A^{(k)}x^{(k)} \leq b^{(k)}$ は後半の k 個の変数を消去した k 番目の系とする．

▶ **課題 2.2**　消去のステップを行列変形 (matrix transformation) として示せ．

つまり，これは正方向への拡大により系 $A'x' \leq b'$ が $TAx \leq Tb$ と同じ系となる行列 T（A に依存）が存在するということである．積 TA の最後の列はすべてゼロであり，TAx は最後の変数 x_d に関与しない．

課題 2.2 から，最後の系 $A^{(d)}x^{(d)} \leq b^{(d)}$ は $T^{(d)}Ax \leq T^{(d)}b$ と書ける．左辺 $T^{(d)}Ax$ はゼロベクトルである．

▶ **課題 2.3** 行列 $T^{(d)}$ を用いて，定理 2.1 を証明せよ．

▶ **課題 2.4**（演習問題 2.2 参照） Gale の二者択一定理を用いて次の定理を証明せよ．以下は「(a) または (b) の一方が成立する」という意味である．

Farkas の補題（二者択一定理）

(a) $\exists x : A\,x = b,\, x \geq \mathbf{0}$.

(b) $\exists z : z^T A \geq \mathbf{0},\, z^T b < 0$.

Gordan の定理

(a) $\exists x : A\,x = \mathbf{0},\, x \gneq \mathbf{0}$.

(b) $\exists z : z^T A > \mathbf{0}$.

▶ **課題 2.5** $\mathbb{R}^d$ 上のベクトル部分空間を V，その直交補空間を $V^\perp := \{x \in \mathbb{R}^d : x^T v = 0,\, \forall v \in V\}$ とし，$[d]$ の中で固定した任意の添字を g とする．Farkas の補題（二者択一定理）を使って次の定理を証明せよ．

自己双対二者択一定理 (a) または (b) の一方が成立する．

(a) $\exists x \in V : x \geq \mathbf{0},\, x_g > 0$.

(b) $\exists y \in V^\perp : y \geq \mathbf{0},\, y_g > 0$.

2.2 LP 双対性

$A \in \mathbb{R}^{m \times d}$, $b \in \mathbb{R}^m$, $c \in \mathbb{R}^d$ のとき，（標準形）線形計画問題 (linear programming) は

$$
\begin{array}{lll}
\text{(P):} & \text{最大化} \quad c^T x & \left| \quad \displaystyle\sum_{j=1}^{d} c_j\, x_j \right. \\[3mm]
& \text{制 約} \quad A\,x \leq b & \left| \quad \displaystyle\sum_{j=1}^{d} a_{ij}\, x_j \leq b_i,\, \forall i = 1, \ldots, m \right. \\[3mm]
& \qquad\quad x \geq \mathbf{0} & \left| \quad x_j \geq 0,\, \forall j = 1, \ldots, d \right.
\end{array}
$$

である．今後，線形計画問題を **LP** と省略する．制約条件 (constraint) $Ax \leq b$,

$x \geq \mathbf{0}$ を満たすベクトル x を**実行可能解** (feasible solution) という．**最適解** (optimal solution) は最大の目的関数値をとる実行可能解である．最小化問題の場合，最適解は最小値を与える．

実行可能解の集合 $\{x : Ax \leq b, \ x \geq 0\}$ を**実行可能領域** (feasible region) という．LPの実行可能領域が空でないとき，そのLPは**実行可能** (feasible) であるという．目的関数 $c^T x$ が実行可能領域内で上に閉じていない（最小化問題の場合は下に閉じていない）とき，LPは**非有界** (unbounded) であるという．幾何学的には，実行可能領域は凸多面集合である（図 2.2 参照）．

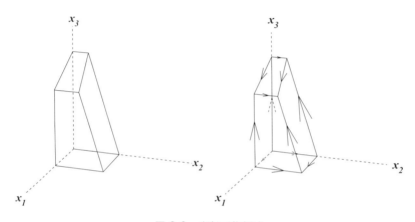

図 2.2　実行可能領域

一般的に，d 個の変数からなる線形不等式制約系のもとで線形関数を最大化または最小化することは，上述した最適化問題へと還元できる．また，$x_1 > 0$ のような厳密な (strict) 不等式制約は線形計画問題では許されない．

弱双対 (weak duality) 定理と強双対 (strond duality) 定理という2つの基本的な定理を証明するために，**双対問題** (dual problem)

$$\text{(D):} \quad \text{最小化} \quad b^T y$$
$$\text{制　約} \quad A^T y \geq c$$
$$y \geq \mathbf{0}$$

を定義する．この問題も線形計画問題である．元の問題 (P) とその双対問題を区別する必要があるとき，問題 (P) を**主問題** (primal problem) とよぶ．

定理 2.2（LP 弱双対定理） 主問題 (P) の任意の実行可能解 x と双対問題 (D) の任意の実行可能解 y において，$c^T x \leq b^T y$ である．

定理 2.3（LP 強双対定理） 主問題 (P) と双対問題 (D) がともに実行可能であるとき，$c^T x^* = b^T y^*$ を満たす実行可能解の双対ペア (dual pair) (x^*, y^*) が存在する．（前の定理から，両実行可能解はともに最適解である．）

第 1 の定理（定理 2.2）の証明は容易である．定理とよぶのは適切でないかもしれないが，定理として広く認知されている．では証明してみよう．

定理 2.2，弱双対定理の証明 実行可能解の双対ペアを x と y とする．

$$
\begin{aligned}
c^T x &\leq (A^T y)^T x \quad (A^T y \geq c \text{ と } x \geq \mathbf{0} \text{ から}) \\
&= y^T A x \\
&\leq y^T b \qquad (Ax \leq b \text{ と } y \geq \mathbf{0} \text{ から}) \\
&= b^T y.
\end{aligned}
$$
□

さて，証明が難しい第 2 の定理（定理 2.3）にうつる．

定理 2.3，強双対定理の証明 主問題 (P) と双対問題 (D) が共に実行可能であると仮定して，以下を示そう．

$$
\begin{aligned}
\exists (x, y): \quad &Ax \leq b, \ x \geq \mathbf{0}, \\
&A^T y \geq c, \ y \geq \mathbf{0}, \\
&c^T x - b^T y.
\end{aligned}
\tag{2.4}
$$

まず，この仮定のもとで (2.4) が常に成り立つことを示す．

$$
(2.4) \Leftrightarrow \left\langle \begin{array}{ll} \exists (x, y): & Ax \leq b, \ x \geq \mathbf{0} \\ & A^T y \geq c, \ y \geq \mathbf{0} \\ & c^T x \geq b^T y \end{array} \right\rangle \quad (\text{弱双対性から})
$$

$$\Leftrightarrow \left\langle \ \exists \begin{bmatrix} x \\ y \end{bmatrix} \geq \mathbf{0} : \begin{bmatrix} A & \mathbf{0} \\ -I & \mathbf{0} \\ \mathbf{0} & -A^T \\ \mathbf{0} & -I \\ -c^T & b^T \end{bmatrix} \begin{bmatrix} x \\ y \end{bmatrix} \leq \begin{bmatrix} b \\ \mathbf{0} \\ -c \\ \mathbf{0} \\ 0 \end{bmatrix} \ \right\rangle$$

$$\Leftrightarrow \left\langle \ \begin{bmatrix} s \\ t \\ u \\ v \\ w \end{bmatrix}^T \begin{bmatrix} A & \mathbf{0} \\ -I & \mathbf{0} \\ \mathbf{0} & -A^T \\ \mathbf{0} & -I \\ -c^T & b^T \end{bmatrix} = \mathbf{0}, \ \begin{bmatrix} s \\ t \\ u \\ v \\ w \end{bmatrix}^T \begin{bmatrix} b \\ 0 \\ -c \\ 0 \\ 0 \end{bmatrix} < 0 \ \right\rangle$$

（Gale の二者択一定理から）

$$\Leftrightarrow \left\langle \ \nexists \begin{bmatrix} s \\ u \\ w \end{bmatrix} \geq \mathbf{0} : A^T s \geq cw, Au \leq bw, b^T s < c^T u \ \right\rangle$$

$$\Leftrightarrow \left\langle \ \nexists \begin{bmatrix} s \\ u \end{bmatrix} \geq \mathbf{0} : A^T s \geq \mathbf{0}, Au \leq \mathbf{0}, b^T s < c^T u \ \right\rangle$$

（弱双対性から $w > 0$ のとき解がないことは明らか）

$$\Leftrightarrow \left\langle \ A^T s \geq \mathbf{0}, Au \leq \mathbf{0}, s \geq \mathbf{0}, u \geq \mathbf{0} \Rightarrow b^T s \geq c^T u \ \right\rangle .$$

証明の最後のステップとして，上述した最後の等価性が常に成り立つことを示して定理を導く．

$$A^T s \geq \mathbf{0}, \ Au \leq \mathbf{0}, \ s \geq \mathbf{0}, \ u \geq \mathbf{0}$$

を仮定する．上述の仮定から，実行可能解の双対ペア (x, y) があるので，

$$b^T s - c^T u \geq (Ax)^T s - (A^T y)^T u = x^T A^T s - y^T Au \geq 0 - 0 = 0$$

となる． $\square$

定理 2.4 (相補スラック条件 (complementary slackness conditions)) (P)
と (D) の実行可能解の双対ペア $(\overline{x}, \overline{y})$ において，以下は等価である．

(a) $\overline{x}$ と $\overline{y}$ はともに最適解である．

(b) $c^T\overline{x} = b^T\overline{y}$.

(c) $\overline{y}^T(b - A\overline{x}) = 0$, $\overline{x}^T(A^T\overline{y} - c) = 0$.

(c′) すべての i に対して $\overline{y}_i(b - A\overline{x})_i = 0$.

　　 すべての j に対して $\overline{x}_j(A^T\overline{y} - c)_j = 0$.

(c″) すべての i に対して $\overline{y}_i > 0$ から $(b - A\overline{x})_i = 0$ が得られ，

　　 すべての j に対して $\overline{x}_j > 0$ から $(A^T\overline{y} - c)_j = 0$ が得られる．

証明 残りは読者にゆずる． □

▶ **課題 2.6** 最大化 $c^T x$, 制約条件 $Ax \leq b$ と書かれた LP とその双対 LP の相補スラック条件（定理 2.4）を証明せよ．

2.3 凸性に関する 3 つの定理

凸多面集合の表現と組合せ構造について議論する前に，凸性 (convexity) の基本的な性質について述べよう．

$\mathbb{R}^d$ の任意の部分集合 S の凸包 (convex hull) $\mathrm{conv}(S)$ とは，S を含むすべての凸集合の共通部分である．2 つの凸集合の共通部分は凸であるので，凸包は S を含む最小の凸集合である．

命題 2.5 $\mathbb{R}^d$ 上の有限個の点 $p_1, \ldots, p_k$ からなる集合を S とする．

$$\mathrm{conv}(S) = \left\{ x : x = \sum_{i=1}^{k} \lambda_i p_i, \ \sum_{i=1}^{k} \lambda_i = 1, \ \lambda_i \geq 0, \ \forall i = 1, \ldots, k \right\}. \quad (2.5)$$

証明 (2.5) の右辺を T とする．2 つの包含関係 $\mathrm{conv}(S) \supseteq T$ と $\mathrm{conv}(S) \subseteq T$ を示す必要がある．両者とも初歩的な包含関係であるので，残りは読者にゆずる． □

凸性に関する 1 つ目の基本的な定理は Carathéodory の定理で，(2.5) の k に

関する有限性の条件を $k \leq d+1$ にまで絞り込めるという定理である．

定理 2.6（Carathéodoryの定理） $\mathbb{R}^d$ 上の k 個の点 $p_1, \ldots, p_k$ からなる集合 S の凸包内の点を p とする．このとき，点 p は S の高々 $d+1$ 個の点の凸包に含まれる．

証明 残りは読者にゆずる．
ヒント：$k \geq d+2$ のとき，点集合 $p_1, \ldots, p_k$ はアフィン従属 (affinely dependent)[1] である．これを用いて，x を表現するうえで S 中の少なくとも 1 点は不要であることを示せ． □

凸性に関する基本的な定理はあと 2 つある．

定理 2.7（Radonの定理） $|S| \geq d+2$ である $\mathbb{R}^d$ 上の（有限）部分集合を S とする．このとき，S は $\mathrm{conv}(S_1) \cap \mathrm{conv}(S_2) \neq \emptyset$ を満たす 2 つの集合 S_1 と S_2 に分割される（図 2.3 参照）．

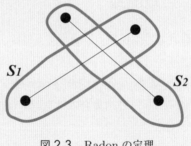

図 2.3 Radon の定理

証明 $|S| \geq d+2$ より，S の点はアフィン従属であることから，自然な分割が得られる． □

定理 2.8（Hellyの定理） $C_1 \cap C_2 \cap \cdots \cap C_h = \emptyset$ を満たす $\mathbb{R}^d$ 上の凸集合を $C_1, C_2, \ldots, C_h$ とする．このとき，共通部分が空となる高々 $d+1$ 個からなる凸集合族が存在する（図 2.4 参照）．

---

[1] 点集合 $p_1, \ldots, p_k$ において，ベクトル $p_1 - p_k, p_2 - p_k, \ldots, p_{k-1} - p_k$ が線形独立であるときアフィン独立といい，線形独立でないときアフィン従属という．

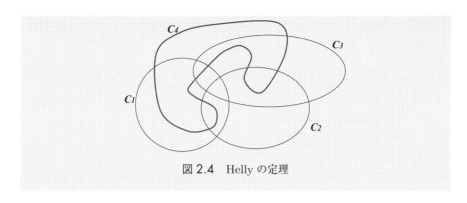

図 2.4 Helly の定理

証明 (C_j に関する凸性の仮定は重要である．なぜなら，C_j のうち 1 つでも非凸なものがあれば定理は成立しないからである．) h に関する帰納法を用いる．$h \leq d+1$ のとき，定理の成立は明らかである．$h < k$ ($\geq d+2$) のとき定理が成り立つと仮定して，$h = k$ のときに定理が成り立つこと $(*)$ を証明する．$h \geq d+2$ とする．命題 $(*)$ が成り立たない，つまり，すべての $i = 1, \ldots, h$ において $S_i := \bigcap_{j \neq i} C_j \neq \emptyset$ と仮定すると，Radon の定理を適用することで矛盾が導ける． □

2.4　多面集合の表現

$\mathbb{R}^d$ 上のベクトル集合 $\{v_1, \ldots, v_k\}$ において，錐 (cone)（または非負 (nonnegative)）包 (hull)

$$\mathrm{cone}(\{v_1, \ldots, v_k\}) := \left\{ x : x = \sum_i \lambda_i v_i,\ \lambda_i \geq 0,\ \forall i = 1, \ldots, k \right\} \tag{2.6}$$

を定義する．錐包を以下錐とよぶ．さらに，$\mathbb{R}^d$ の部分集合 P と Q において，**Minkowski 和** (Minkowski sum)

$$P + Q := \{p + q : p \in P,\ q \in Q\} \tag{2.7}$$

を定義する．

26   第 2 章　線形不等式，凸性，多面集合

定理 2.9（多面集合における Minkowski–Weyl の定理） $P \subseteq \mathbb{R}^d$ のとき，以下は同値である．

(a) P は多面集合である．つまり，ある m において $P = \{x : Ax \leq b\}$ を満たす $A \in \mathbb{R}^{m \times d}$ と $b \in \mathbb{R}^m$ が存在する．

(b) P は有限生成である．つまり，$P = \mathrm{conv}(\{v_1, \ldots, v_s\}) + \mathrm{cone}(\{r_1, \ldots, r_t\})$ を満たす $\mathbb{R}^d$ 上の（有限個の）ベクトル集合 v_i と r_j が存在する．

上述の (a) と (b) をそれぞれ多面集合の **H-表現** と **V-表現** とよび，H-表現とV-表現で書かれた多面集合をそれぞれ H-多面集合と V-多面集合という．多面集合が有界である場合は，H-多面体と V-多面体とよぶ．(b) は以下のように行列の形で書ける．

(b) P は有限生成である．つまり，ある s と t において，$P = \{x : x = V\mu + R\lambda, \mu \geq \mathbf{0}, \mathbf{1}^T\mu = 1, \lambda \geq \mathbf{0}\}$ を満たす 2 つの行列 $V \in \mathbb{R}^{d \times s}$ と $R \in \mathbb{R}^{d \times t}$ が存在する．

定理 2.9 は 2 つの定理で構成される．(a) から (b) への方向は Minkowski の定理であり，(b) から (a) への方向は Weyl の定理である．

多面集合 P が有界，つまり多面体であるとき，その極小の表現はすべての端点 $v_1, \ldots, v_s$ で構成され，半直線 (ray) を含まない．$b = \mathbf{0}$ のとき，定理は斉次 (homogeneous) の場合に帰着される．これは特別な場合ではあるが，上述の非斉次な (nonhomogeneous) 場合（課題 2.7）と同様に強力である．

定理 2.10（錐に関する Minkowski–Weyl の定理） $P \subseteq \mathbb{R}^d$ のとき，以下は等価である．

(a) P は多面的錐 (polyhedral cone) である．つまり，ある m において $P = \{x : Ax \leq \mathbf{0}\}$ を満たす $A \in \mathbb{R}^{m \times d}$ が存在する．

(b) P は有限生成錐 (finitely generated cone) である．つまり，ある t において $P = \{x : x = R\lambda, \lambda \geq \mathbf{0}\}$ を満たす行列 $R \in \mathbb{R}^{d \times t}$ が存在する．

まず，Fourier–Motzkin 消去により導かれる方向の証明を示す．

定理 2.10, (b) $\Longrightarrow$ (a) の証明 P は有限生成錐であり，$P = \{x : x = R\lambda, \lambda \geq \mathbf{0}\}$ を満たす行列 $R \in \mathbb{R}^{d \times t}$ が存在すると仮定する．条件 $x = R\lambda, \lambda \geq \mathbf{0}$

は，変数 x と λ からなる線形不等式系と考えられる．そこで，Fourier–Motzkin 消去を適用して，この系からすべての変数 $\lambda_1, \ldots, \lambda_t$ を消去できる．結果として，変数 x からなる等価な不等式系が得られる．これが (a) の表現である．□

行列のペア (A, R) が同一の多面集合を表現するとき，つまり，

$$Ax \leq \mathbf{0} \quad \Leftrightarrow \quad x = R\lambda \text{ である } \lambda \geq \mathbf{0} \text{ が存在} \qquad (2.8)$$

するとき，行列のペアを**二重表現ペア** (double description (DD) pair) または単に **DD ペア**という．この文脈でいうと，(a) から (b) への方向である Minkowski の定理は任意の行列 A に対して (A, R) が DD ペアとなる R が存在することを述べ，(b) から (a) への方向である Weyl の定理は任意の行列 R に対して (A, R) が DD ペアとなる A が存在することを述べている．

補題 2.11　2つの行列 $A \in \mathbb{R}^{m \times d}$ と $R \in \mathbb{R}^{d \times t}$ に対して，ペア (A, R) が DD ペアであることと，(R^T, A^T) が DD ペアであることは同値である．

証明　対称性から一方向のみ示せばよい．ペア (A, R) が DD ペアである，つまり (2.8) が成り立つと仮定する．ここで，(R^T, A^T) も DD ペアであることを示せばよい．

$$R^T y \leq \mathbf{0}$$
$$\Leftrightarrow \lambda^T R^T y \leq 0, \ \forall \lambda \geq \mathbf{0}$$
$$\Leftrightarrow (R\lambda)^T y \leq 0, \ \forall \lambda \geq \mathbf{0}$$
$$\Leftrightarrow Ax \leq \mathbf{0} : x^T y \leq 0 \qquad \text{(仮定 (2.8))}$$
$$\Leftrightarrow \nexists x : Ax \leq \mathbf{0}, \ y^T x > 0$$
$$\Leftrightarrow y = A^T \mu \text{ を満たす } \mu \geq \mathbf{0} \text{ が存在} \quad \text{(Farkas の補題（二者択一定理)).}$$

最初と最後の等価性がまさに証明しようとしていたことである．□

この補題は計算機での実装において非常に有用である．つまり，(a), (b) 間の変換を実装する必要はなく，一方のみで十分であることを意味する．

定理 2.10 の証明　Weyl の定理は証明済みである．一方で，補題 2.11 は，一方

28　第 2 章　線形不等式，凸性，多面集合

向を示せば両方向を示すのに十分であると述べている.　　　　　　　□

　補題 2.11 が示すように，ペア (R^T, A^T) から得られる多面集合が存在する.
つまり，(A, R) が DD ペアであるとき，多面的錐

$$P^* := \{y \in \mathbb{R}^d : R^T y \leq \mathbf{0}\}$$
$$= \{y \in \mathbb{R}^d : y = A^T \mu, \ \mu \geq \mathbf{0}\} \tag{2.9}$$

は $P = \{x : Ax \leq \mathbf{0}\} = \{x : x = R\lambda, \ \lambda \geq \mathbf{0}\}$ の双対 (dual) または双対錐 (dual cone) として知られる.

▶ **課題 2.7**　斉次の定理 2.10 から非斉次の定理 2.9 を導け.
ヒント：非斉次系の次元を 1 つあげて斉次化し，斉次の定理に従って変換した
のち，非斉次表現を得よ.

　Fourier–Motzkin 消去は，計算過程で計算サイズが爆発的に大きくなること
から，多面集合の 2 つの表現間での変換は実用的ではない.　一方で，**二重表現
法** (double description method) と**逆探索法** (reverse search method) はともに
大変実用的であり，多くの実装（LRSLIB, CDDLIB など）で用いられている.

2.5　多面集合の構造

　$\mathbb{R}^d$ 上の空でない多面集合 P に対して，**線形性空間** (linearity space) と**後退
錐** (recession cone) の 2 つの集合を定義する.

$$\text{linspace}(P) := \{z : x + \lambda z \in P, \ \forall x \in P, \ \forall \lambda \in \mathbb{R}\}, \tag{2.10}$$
$$\text{reccone}(P) := \{z : x + \lambda z \in P, \ \forall x \in P, \ \forall \lambda \geq 0\}. \tag{2.11}$$

後退錐は**特性錐** (characteristic cone) ともいう.　両集合は原点を含み，一般的
に $\text{linspace}(P) \subseteq \text{reccone}(P)$ である.

　多面集合 P が端点を含むとき，P は**尖状** (pointed) であるという.　多面集合
の構造的な性質を紹介する.

定理 2.12　$\mathbb{R}^d$ 上の空でない多面集合 P に対して，以下が成立する．

(a) 多面体 Q と多面的錐 C に対して P が $P = Q + C$ と書けるとき，$C = \mathrm{reccone}(P)$ である．

(b) P が $P = \{x : Ax \le b\}$ と表現されるとき，$\mathrm{reccone}(P) = \{z : Az \le \mathbf{0}\}$ かつ $\mathrm{linspace}(P) = \{z : Az = \mathbf{0}\}$ である．

(c) P が尖状であることと，$\mathrm{linspace}(P)$ が自明 (trivial)，つまり $\mathrm{linspace}(P) = \{\mathbf{0}\}$ であることは同値である．

(d) P が有界であることと，$\mathrm{reccone}(P)$ が自明 (trivial)，つまり $\mathrm{reccone}(P) = \{\mathbf{0}\}$ であることは同値である．

証明　読者にゆずる． □

Minkowski–Weyl の定理（定理 2.9 (b)）の生成表現において，錐 $\mathrm{cone}(\{r_1, \ldots, r_t\})$ は一意に定まる一方で，凸包 $\mathrm{conv}(\{v_1, \ldots, v_s\})$ は一意には定まらないことが，定理 2.12 の命題 (a) からわかる．

系 2.13　P が錐 $\{x : Ax \le \mathbf{0}\}$ でありかつ尖状であるとき，あるベクトル c が存在して，任意の非ゼロである $x \in P$ に対して $c^T x > 0$ を満たす．

証明　$c^T = -\mathbf{1}^T A$ とする．このベクトルが任意の非ゼロな $x \in P$ に対して $c^T x > 0$ を満たすことを示せばよい（演習問題 2.5 参照）． □

$c \in \mathbb{R}^d$ と $\beta \in \mathbb{R}$ において，不等式 $c^T x \le \beta$ がすべての $x \in P$ において成立するとき，この不等式は多面集合 P に対して妥当 (valid) であるという．多面集合 P の部分集合 F がある妥当不等式 $c^T x \le \beta$ に対して $F = P \cap \{r : c^T r = \beta\}$ と表現されるとき，F を P の面 (face) という（図 2.5 参照）．

空集合と P そのものを，自明な (trivial) 面という．次元 0 の面を頂点 (vertex)，次元 1 の面を辺 (edge)，次元 $\dim(P) - 2$ の面をリッジ (ridge)，次元 $\dim(P) - 1$ の面をファセット (facet) という．また，次元 i の面を i-面という．

面の数は有限であるという面に関する重要な命題がある．次の定理から導かれる．

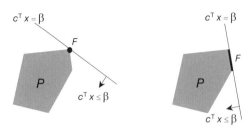

図 2.5　面

定理 2.14　$P = \{x \in \mathbb{R}^d : Ax \leq b\}$ とする．このとき，P の空でない部分集合 F が P の面であることと，F が $Ax \leq b$ のうちいくつかの不等式を等号にすることで得られる不等式系の解集合として表現されること，つまり

$$F = \{x : A^1 x = b^1 \text{ かつ } A^2 x \leq b^2\} \tag{2.12}$$

であることと同値である．ただし，$A = \begin{bmatrix} A^1 \\ A^2 \end{bmatrix}, b = \begin{bmatrix} b^1 \\ b^2 \end{bmatrix}$ とする．

証明　F を空でない面とする．つまり，ある妥当不等式 $c^T x \leq \beta$ に対して $F = P \cap \{x : c^T x = \beta\}$ である．集合 F は線形計画問題：最大化 $c^T x$，制約条件 $Ax \leq b$ の最適解の集合である．この線形計画問題には最適解が存在するので，双対問題：最小化 $b^T y$，制約条件 $A^T y = c, y \geq \mathbf{0}$ にも強双対定理（定理 2.3）により最適解（y^* とする）が存在する．つまり，$A_i x \leq b_i$ の等式部分が $A^1 x = b^1$ であることと，$y_i^* > 0$ であることは同値である．このとき，得られた集合 $F' = \{x : A^1 x = b^1, A^2 x \leq b^2\}$ は相補性スラック条件を満たす P の点集合である（定理 2.4，課題 2.6 参照）ので，F' は F に一致する．

逆は，(2.12) の空でない集合 F に対して $c^T = \mathbf{1}^T A^1$ と $\beta = \mathbf{1}^T b^1$ とすることにより導かれる． □

系 2.15　$P = \{x \in \mathbb{R}^d : Ax \leq b\}$ の空でない極小な面はアフィン部分空間 (affine subspace) $\{x : A^1 x = b^1\}$ である．ただし，$A^1 x = b^1$ は $Ax = b$ の部分系である．

証明　定理 2.14 により，空でない面 F はどれも

$$F = \{x : A^1 x = b^1 \text{ かつ } A^2 x \le b^2\}$$

と表現できる．F が極小であると仮定し，$F' = \{x : A^1 x = b^1\}$ とすると，$F = F'$ であることを示そう．不等式 $A^2 x \le b^2$ が F の表現において冗長であることを述べる．いくつかの不等式が F' 上のある点で成立しないと仮定する．すると，F' は極小な空でない面ではない（理由は読者に残す）となり，矛盾となる．$\qquad\qquad\square$

▶ **課題 2.8** 多面集合の頂点は端点そのものであることを示せ．

系 2.16 $P = \{x : Ax \le b\}$ を有理多面集合とする．このとき，P の空でない面にはどれも，$[A\,b]$ の行の最大サイズに関して多項式サイズである頂点が含まれる．

証明 δ を $[A\,b]$ の行の最大 2 進符号サイズとする．P の空でない極小な面それぞれに対して命題を示せば十分である．系 2.15 より，空でない極小な面はどれも $A^1 x = b^1$ の解集合である．ただし，$A^1 x \le b^1$ は $Ax \le b$ の部分系である．$A^1 x = b^1$ の高々 d 本の等式は独立であり，系 1.3 より，その系には δ に関して多項式サイズである $d \times \delta$ を超えないサイズの解が存在する．$\qquad\square$

この系から，多面集合のどの端点のサイズも $[A\,b]$ の行の最大サイズに関して多項式でおさえられることもわかる．

定理 2.17 $P = \{x : Ax \le b\}$ が有理多面集合のとき，$P = \mathrm{conv}(\{v_1, \ldots, v_s\}) + \mathrm{cone}(\{r_1, \ldots, r_t\})$ と書ける．このとき，各生成元 v_i または r_j のサイズは，行列 $[A, b]$ の行の最大サイズに関する多項式でおさえられる．

証明 $P = \{x : Ax \le b\}$ を有理多面集合，A と b を整数とする．δ を行列 $[A\,b]$ の行の最大サイズとする．

P が有界であるとき，極小の生成表現は端点の集合であり，系 2.16 より各端点のサイズは δ に関して多項式でおさえられる．

P が尖状錐 (pointed cone) であるとき，系 2.13 から，P と超平面 (hyperplane) $\mathbf{1}^T A x = -1$ との共通部分は多面体である．この多面体の端点が P の極小表現

を構成することは明らかであり，その表現のサイズは δ に関して多項式でおさえられる．なお，各端点から生成される半直線 (halfline) は，この尖状錐の端射線 (extremal ray) とよばれる．

P が尖状であるとき，P は多面体と尖状錐との Minkowski 和であり，最初の 2 つの場合から定理が導かれる．

P が尖状でないとき，その線形性空間は A の零空間 (null space) であり，定理 1.4 の証明を用いると，$Ax = \mathbf{0}$ に適用された Gauss–Jordan アルゴリズムから，多項式サイズの線形独立なベクトル $\{b_1, \ldots, b_k\}$ によるこの空間の生成元表現が得られる．このとき，$Q = P \cap \{x : b_i^T x = 0, \; i = 1, \ldots, k\}$ とすると $P = Q + \mathrm{linspace}(P)$ である．ここで，Q は尖状であり，多項式サイズの生成元表現を有する． $\qquad\square$

註 2.18 定理 2.17 の証明から，多面集合 P の極小表現は，P の極小な空でない面由来の点集合，P と P の線形性空間に直交する線形部分空間との共通部分である尖状錐を生成するベクトル集合，およびこの線形性空間を生成するベクトル集合からなる．

系 2.19 $A \in \mathbb{Q}^{m \times d}$ および $B \in \mathbb{Q}^{m \times n}, c \in \mathbb{Q}^m$ であるとき，P を多面集合 $\{(x, y) \in \mathbb{R}^{d+n} : Ax + By \leq c\}$ とし，P_x を P の x-空間への直交射影とする．つまり，$x \in P_x$ と，ある $y \in \mathbb{R}^n$ に対して $(x, y) \in P$ であることとが同値である．このとき，P_x には，各 $[D_i \; f_i]$ のサイズが行列 $[A \; B \; c]$ の行の最大サイズに関して多項式でおさえられる H-表現 $\{x \in \mathbb{R}^d : Dx \leq f\}$ がある．一般的に，D の行数は m, n, d の 1 つに関して指数になる可能性がある．

証明 残りは読者にゆずる．

ヒント：Fourier–Motzkin アルゴリズムを用いて，その射影錐 (projection cone) $C = \{z \in \mathbb{R}^m : z^T B = \mathbf{0}, \; z \geq \mathbf{0}\}$ に対して，$P_x = \{x : z^T Ax \leq z^T c, \; \forall z \in C\}$ となることを示し，定理 2.17 を適用せよ． $\qquad\square$

2.6 基本的な多面集合

d-単体 (d-simplex) とは，$\mathbb{R}^d$ 上の $d+1$ 個のアフィン独立な点集合 $v_0, v_1, \ldots,$ v_d の凸包である．標準 d-立方体 (standard d-cube) とは，$\mathbb{R}^d$ 上の 2^d 個の 0/1 からなる点集合の凸包であり，d-立方体 (d-cube) は標準 d-立方体の行フルランクであるアフィン変換である．(k 個の生成元からなる) $\mathbb{R}^d$ 上のゾノトープ (zonotope) とは，$\mathbb{R}^d$ 上の k 本の線分のミンコフスキー和である．標準立方体は，d 本の線分 $[\mathbf{0}, e_j]$ から生成される特別なゾノトープである．ただし，e_j は j 番目の単位ベクトル (unit vector) とする．

表 2.1 は d-単体と d-立方体の i-面の数，ゾノトープの i-面数の上限（証明は第 9 章）を示している．

表 2.1　単体，立方体，ゾノトープ

種類	図	# 頂点	# ファセット	# i-面
d-単体		$d+1$	$d+1$	$\binom{d+1}{i+1}$
d-立方体		2^d	$2d$	$\binom{d}{i} 2^{d-i}$
ゾノトープ (d, k)	$d = 3,\ k = 5$	$\leq 2 \sum_{i=0}^{d-1} \binom{k-1}{i}$	$\leq 2 \binom{k}{d-1}$	$O(k^{d-1})$

▶ **課題 2.9**　d-単体と d-立方体の i-面の数についての表 2.1 が正しいことを示せ．

2.7 具体例：順序多面体

$G = (V, E)$ を $V := [n]$ である非巡回 (acyclic) 有向グラフとする．$i > j$ と，頂点 i から頂点 j への有向路 (directed path) の存在を同値とすると，G を半順

34   第 2 章　線形不等式，凸性，多面集合

序集合 (partially ordered set, poset) V の表現として考えられる．

　$[n]$ の置換 (permutation) π が各辺 $\vec{ij} \in E$ に対して $\pi^{-1}(i) > \pi^{-1}(j)$ であるとき，π を G（または半順序集合 V）の**線形拡大** (linear extension) とよぶ．

　半順序集合の線形拡大に関するいくつかの基本的問題がある．線形拡大の数 $\#_{\mathrm{LE}}(G)$ の計算は難しい．Linial [49] が予想した#P-完全 (#P-complete) については，Brightwell と Winkler [12] が示した．さらに，すべての線形拡大を列挙する多項式時間アルゴリズム [6, 46, 62] がある．ここで「多項式時間 (polynomial)」とは，計算時間が入力と出力のサイズの多項式関数でおさえられることを意味する．

　また，H-多面体の体積計算が#P-困難 (#P-hard) であることが，数え上げ問題 (counting problem) の難しさから導かれることを Khachiyan [44] が示した．この還元では半順序集合に関係する以下の多面体を用いている．

$$P_{\mathrm{LE}}(G) = \{x \in \mathbb{R}^n : \forall i = 1, 2, \ldots, n,\ 1 \geq x_i \geq 0,$$
$$\forall\,\text{有向辺}\ \vec{ij} \in E,\ x_i \geq x_j\}.$$

多面体 $P_{\mathrm{LE}}(G)$ を G（半順序）の**順序多面体** (order polytope) といい，以下の性質を満たす [49, 69]．

(a) $P_{\mathrm{LE}}(G)$ は，すべての端点が $\{0,1\}^n$ である 0/1-多面体 (0/1-polytope) である．

(b) 端点と半順序集合のイデアルとの間には一対一対応がある．半順序集合 V の**イデアル** (ideal)（または**上イデアル** (upper ideal or up-set)）とは，$i, j \in V$，$j > i$ かつ $i \in S$ のとき $j \in S$ である V の部分集合 S である．

(c) $P_{\mathrm{LE}}(G)$ の体積は $\#_{\mathrm{LE}}(G)/n!$ に等しい．

　さらに，非巡回グラフの線形拡大に関連する組合せ最適化問題がある（表 2.2）．minimum feedback arcset problem [37] と strongly connected reorientation problem [26] は，[33] にあるように多面集合上の幾何的問題として書ける．

多面体計算の結果

　Avis と Fukuda が定義した**多面集合形式** (polyhedra format) は，一般の多面集合の H-表現および V-表現を書く標準的な手法を提供する．H-多面集合を与

2.7 具体例：順序多面体　35

表 2.2　非巡回グラフの線形拡大に関連する組合せ最適化問題

入力 (input) G	列挙 (listing) $\lambda_{\mathrm{LE}}(G)$	数 (counting) $\#_{\mathrm{LE}}(G)$
（非巡回有向グラフの図）	$\pi_0 = 12345$	9
非巡回有向グラフ	$\pi_1 = 21435$	
	$\pi_2 = 21345$	
	$\pi_3 = 12435$	
	$\pi_4 = 24135$	
	$\pi_5 = 12453$	
	$\pi_6 = 21453$	
	$\pi_7 = 24153$	
	$\pi_8 = 24513$	

える不等式系 $b + Ax \geq 0$ を

```
H-representation
begin
  m    d+1    <number type>
  b    A
end
```

と書く．A が $m \times d$ 行列，b が m 次元ベクトル $A \in \mathbb{R}^{m \times d}, b \in \mathbb{R}^m$ のとき，1
行目に $m, d+1,$ および <number type> に整数，有理数または実数のいずれ
かを書き，2 行目以降に具体的に b と A を与える．

　多面集合のすべての生成元が明らかであるならば，V-多面集合である．V-
多面集合 P が n 個の生成点と s 本の生成ベクトル（半直線）により $P =$
$\mathrm{conv}(\{v_1, \ldots, v_n\}) + \mathrm{cone}(\{r_1, \ldots, r_s\})$ と与えられるとき，その V-多面集合
形式を

36 第2章 線形不等式，凸性，多面集合

```
V-representation
begin
 n+s  d+1  <number type>
 1   v1
   .
 1   vn
 0   r1
   .
 0   rs
end
```

と書く．1行目に生成点数と生成ベクトル数の和 $n+s, d+1$ を書き，2行目以降に具体的に生成点と生成ベクトルを与える．このとき，生成点の第1要素を1とし，生成ベクトルの第1要素を0とする．つまり，非有界な多面集合における半直線が0から始まる行で表現される．

上述の例である順序多面体を H-表現で書くと，

```
H-representation
begin
  14   6   integer
  0 -1  0  1  0  0
  0  0 -1  1  0  0
  0  0 -1  0  1  0
  0  0  0  0 -1  1
  0  1  0  0  0  0
  0  0  1  0  0  0
  0  0  0  1  0  0
  0  0  0  0  1  0
  0  0  0  0  0  1
  1 -1  0  0  0  0
  1  0 -1  0  0  0
  1  0  0 -1  0  0
  1  0  0  0 -1  0
  1  0  0  0  0 -1
end
```

となる．

scdd または scdd_gmp（cddlib, Version 0.94j のサンプルプログラム）[27] では，上述のファイルを入力として多面体の V-表現を出力する．

```
V-representation
begin
 11 6 rational
 1 0 0 0 0 0
 1 0 0 1 0 0
 1 1 0 1 0 0
 1 0 0 0 0 1
 1 0 0 1 0 1
 1 1 0 1 0 1
 1 0 0 0 1 1
 1 0 0 1 1 1
 1 1 0 1 1 1
 1 0 1 1 1 1
 1 1 1 1 1 1
end
```

この順序多面体はすべてが 0/1 である 11 個の端点をもつ.

Avis の lrslib [3] では,異なるアルゴリズムで同じ変換を行う.多面体が V-表現であるとき,lrs は多面体の体積も計算する.上述した 9/5! である順序多面体の場合,体積 3/40 が出力される.

2.8 演習問題

▶ **演習問題 2.1 Fourier–Motzkin 消去** $A \in \mathbb{R}^{m \times n}$, $b \in \mathbb{R}^m$ である線形不等式系 $Ax < b$ がある.i 番目の変数に Fourier–Motzkin 消去を適用した後の行列と右辺ベクトルをそれぞれ A', b' と表す.

1. $x' = (x_1, \ldots, x_{i-1}, x_{i+1}, \ldots, x_n)^T$ において,$Ax \leq b \Leftrightarrow A'x' \leq b'$ を証明せよ.

2. 以下 2 つの不等式系が実行可能解を持つか否かを決定せよ.

$$
\begin{bmatrix} 1 & 1 \\ 2 & 1 \\ 3 & 1 \\ 4 & -1 \\ -5 & -1 \end{bmatrix} \begin{bmatrix} x_1 \\ x_2 \end{bmatrix} \leq \begin{bmatrix} 4 \\ 5 \\ 6 \\ 0 \\ -8 \end{bmatrix}, \quad
\begin{bmatrix} 1 & 1 \\ -1 & 1 \\ 4 & 2 \\ -3 & -1 \\ 3 & -1 \end{bmatrix} \begin{bmatrix} x_1 \\ x_2 \end{bmatrix} \leq \begin{bmatrix} 5 \\ -1 \\ 17 \\ -11 \\ 8 \end{bmatrix}
$$

▶ **演習問題 2.2 Farkas の補題**（課題 2.4 参照） Gale の二者択一定理を用

38   第 2 章 線形不等式，凸性，多面集合

いて Farkas の補題を証明せよ．

▶ **演習問題 2.3　Helly の定理**　Helly の定理（定理 2.8）の証明を完成させよ．

▶ **演習問題 2.4　多面集合における Minkowski–Weyl の定理**　定理 2.10 から
定理 2.9 を導け．

▶ **演習問題 2.5　尖状錐**　系 2.13 の証明を完成させよ．つまり，P が尖状錐
$\{x : Ax \leq \mathbf{0}\}$ であるとき，任意のゼロでない $x \in P$ において $c^T x > 0$ である
ベクトルが存在することを示せ．

▶ **演習問題 2.6　順序多面体とソフトウエア**　cddlib と lrslib の両方をインス
トールし，2.7 節で示した例を計算せよ．

第 3 章

整数包と計算量

整数線形計画 (integer linear programming) または単に整数計画 (integer programming, IP と略記) は広範囲にわたり研究されてきた最適化の分野である. IP の 1 つに,変数に整数制約を加えた線形計画問題がある.

$$\text{最大化} \quad c^T x$$
$$\text{制 約} \quad Ax \le b \tag{3.1}$$
$$x \in \mathbb{Z}^d.$$

ただし,$A \in \mathbb{Q}^{m \times d}$, $b \in \mathbb{Q}^m$ とする.計算量の解析に都合がよい形式は決定問題 (decision problem) である.

$$Ax \le b,\, x \in \mathbb{Z}^d \text{ を満たす } x \text{ が存在するか否かを決定せよ.} \tag{3.2}$$

本章では,IP が NP-完全 (NP-complete) であること,つまり,決定問題 (3.2) が NP-完全であることを示す.この命題には,IP が NP-困難 (NP-hard) であること(つまり,任意の NP の問題と同程度に難しいこと)と IP が NP に属することの 2 点が含まれている.

前半は,SAT (satisfiability problem)(充足可能性問題)からの標準的な多項式時間還元 (polynomial reduction) により容易にわかる.ここで,以下の NP-完全問題 **3-SAT** をとりあげる.

d 個のバイナリ変数によるブール表現 $B(x) := \bigwedge_{i=1}^{m} C_i$ が与えられたとき(ただし,各節 C_i は 3 つのリテラル (literal) の論理和とする), $\quad$ (3.3)
$B(x) = 1$ である $x \in \{0,1\}^d$ が存在するかどうかを決定せよ.

還元 (reduction) は単純である.同じ変数 x を用いて,この問題を IP へと還元する.各 x_j は整数であり,$0 \le x_j \le 1$ に制限されている.そして,各節を不

40 第3章 整数包と計算量

等式で表す．たとえば，節 $(x_1 \lor \neg x_2 \lor x_5)$ は不等式

$$x_1 + (1 - x_2) + x_5 \geq 1 \tag{3.4}$$

となる．これらすべての制約を合わせると，3-SAT に等価である IP (3.2) が得られる．ちなみに，この還元は多項式時間である．

結果として，命題「IP が NP-完全である」において肝心なのは，IP が NP に属することである．つまり，IP (3.2) が解をもつとき，入力サイズ size[A b] に関する多項式関数でおさえられるサイズの解が存在するという意味である．

これを示すうえで重要な概念は，多面集合の整数包である．有理多面集合 $P = \{x : Ax \leq b\}$ の整数包 (integer hull) は

$$P_I := \text{conv}\{x : x \in P \cap \mathbb{Z}^d\} \tag{3.5}$$

と定義される．

3.2 節では，P_I の計算量解析と，IP が NP に属する理由を明らかにする．より強い命題（定理 3.3）として，実行可能な IP は [A b] の行の最大サイズに関する多項式関数でおさえられるサイズの解をもつことを証明する．

3.1 Hilbert 基底

有理数行列 $A \in \mathbb{Q}^{m \times d}$ の Hermite 標準形 [B 0] は，A により生成された格子 $L(A)$ の極小生成集合である．つまり，B の m 列は，その整数結合が $L(A)$ を生成する $\mathbb{R}^m$ 上のベクトルの極小集合を与える．

本節では，多面的錐における格子点 (lattice point) を扱う．有理数ベクトル $\{a_1, a_2, \ldots, a_t\}$ により生成された多面的錐 C の整数頂点に対する基底は存在するのだろうか．錐 C の Hilbert 基底とは，有限個の有理数ベクトル集合 $b_1, b_2, \ldots, b_k$ のうち，錐におけるそれぞれの格子点が $b_1, b_2, \ldots, b_k$ の非負整数結合として書けるものである．ここでは，整数 Hilbert 基底を対象とする．

Hilbert 基底は Hilbert 有限生成集合 (Hilbert finite generating set) ともよばれ，集合の包含関係に関して極小であるものにのみ使われることに注意しよう．

定理 3.1 どの有理錐 (rational cone) も整数 Hilbert 基底を有する．この錐が尖状であるとき，（集合の包含関係に関して）極小である整数 Hilbert 基底は一意に定まる．

証明 一般性を失うことなく，有理錐 C は $\mathbb{R}^d$ 上の整数ベクトル $a_1, a_2, \ldots, a_t$ により生成される，つまり $C = \text{cone}(\{a_1, a_2, \ldots, a_t\})$ と仮定してよい．図 3.1 ($d = 2$, $t = 2$, $k = 8$) にあるように，ゾノトープ

$$Z := \{x \in \mathbb{R}^d : x = \sum_{i=1}^{t} \lambda_i a_i,\ 0 \leq \lambda_i \leq 1,\ i = 1, \ldots, t\} \tag{3.6}$$

に含まれる整数ベクトルの有限集合 $B = \{b_1, \ldots, b_k\}$ は Hilbert 基底である．

C の任意の整数格子点を p とすると，（必ずしも整数ではない）λ_i に関して

$$p = \sum_{i=1}^{t} \lambda_i a_i,\ \lambda_i \geq 0,\ i = 1, \ldots, t \tag{3.7}$$

となる．さらに，

$$p - \sum_{i=1}^{t} \lfloor \lambda_i \rfloor a_i = \sum_{i=1}^{t} (\lambda_i - \lfloor \lambda_i \rfloor) a_i \tag{3.8}$$

が得られる．左辺は整数ベクトルである．$0 \leq \lambda_i - \lfloor \lambda_i \rfloor < 1$ であるので，右辺のベクトルは左辺と同じベクトルであり，Z に含まれる．したがって，左辺

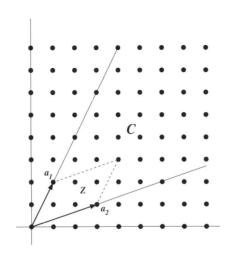

図 3.1 錐 C と多面体 Z

のベクトルは Z にある整数ベクトルであり，$b_1, \ldots, b_k$ のいずれかである．$a_1,$ $\ldots, a_t$ は $\{b_1, \ldots, b_k\}$ に含まれているので，p は $b_1, \ldots, b_k$ の非負整数結合として書ける．

次は，錐 C が尖状であると仮定して．

$$\widehat{B} := \{x \in B \setminus \{\mathbf{0}\} : x \text{ は } B \text{ の 2 つのベクトルの和ではない}\} \tag{3.9}$$

が唯一の極小 Hilbert 基底であることを示す．$\widehat{B}$ のそれぞれのベクトルが任意の整数 Hilbert 基底に含まれなければならないことは容易にわかる．ここで，B に含まれるが $\widehat{B}$ には含まれないベクトルが，$\widehat{B}$ のベクトル集合の非負整数結合として表現できることを示す必要がある．そこで，この性質を満たさない B のベクトル b が存在し，$c^T b$ を最小化すると仮定する．ただし，c は任意のゼロでない $x \in C$ に対して $c^T x > 0$ を満たすベクトルである．系 2.13 から，C は尖状であるので，c の存在は保証されている．b は $\widehat{B}$ に含まれていないので，$b = b_i + b_j$ となる B の非ゼロベクトル b_i, b_j が存在する．ここで，$c^T b = c^T b_i + c^T b_j$ であり，すべての項は正である．したがって，$c^T b_i < c^T b$ かつ $c^T b_j < c^T b$ となる．b は $\widehat{B}$ に含まれていないという条件のもとで $c^T b$ が最小化されるという仮定から，b_i も b_j も $\widehat{B}$ に属することになる．したがって，b が $\widehat{B}$ のベクトルの非負整数結合でないことに矛盾する．　　　　　　　　□

▶ **課題** 3.1　演習問題 3.1 を考えよ．

▶ **課題** 3.2　演習問題 3.2 を考えよ．

3.2　整数包の構造

$\mathbb{R}^d$ における有理多面集合 P において，その整数包 P_I は P に含まれるすべての格子点の凸包

$$P_I := \mathrm{conv}\{x : x \in P \cap \mathbb{Z}^d\} \tag{3.10}$$

として定義される．この定義から整数包が多面集合であること，特に有限生成であることは明らかではない．これが正しいこと，およびその証明が Hilbert 基底の存在証明で使われた議論と同様の議論で導かれることを示す．

整数包にはいくつかの明らかな性質がある．まず，有理錐 C の整数包は C そ

のものである.
$$C_I := C \tag{3.11}$$

定理 3.2 有理多面集合 P の整数包 P_I は多面集合そのものであり,空ではないとき $P_I = B + C$ である.ただし,B は整数多面体であり,$C = \operatorname{reccone}(P)$ とする.

証明 P は有理多面体で,$P = Q + C$ として多面体 Q と後退錐 C とに分割されると仮定する.また,P_I は空でないとする.$a_1, a_2, \ldots, a_t$ を $C = \operatorname{cone}(\{a_1, a_2, \ldots, a_t\})$ である $\mathbb{R}^d$ 上の整数ベクトルとし,Z を

$$Z := \{x \in \mathbb{R}^d : x = \sum_{i=1}^t \lambda_i a_i,\ 0 \leq \lambda_i \leq 1,\ i = 1, \ldots, t\} \tag{3.12}$$

と定義されるゾノトープとする(図 3.2 参照).

定理の証明には,
$$P_I = (Q + Z)_I + C \tag{3.13}$$
を示せば十分である.$(Q + Z)_I + C \subseteq P_I$ について,

$$(Q + Z)_I + C \subseteq P_I + C = P_I + C_I \subseteq (P + C)_I = P_I$$

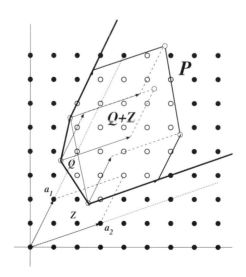

図 3.2 クリティカル領域 $Q + Z$

が得られる.

逆の包含関係については,任意の格子点 $p \in P_I$ をとり,$p \in (Q+Z)_I + C$ を示す.$(Q+Z)_I + C$ は凸であるので,これは十分である.ある $q \in Q$ と $c \in C$ において $p = q + c$ であり,$c = \sum_i \lambda_i a_i = \sum_i \lfloor \lambda_i \rfloor a_i + \sum_i (\lambda_i - \lfloor \lambda_i \rfloor) a_i$ である.この第1項目を c' とし,第2項目を z と表すと,$c' \in C \cap \mathbb{Z}^d$ および $z \in Z$ となり,$p = q + c' + z = (q+z) + c'$ が得られる.したがって,$q+z$ は整数であり,$q + z \in (Q+Z)_I$ となる.$c' \in C$ より,$p \in (Q+Z)_I + C$ が得られる.

$\square$

定理 3.3 整数行列 A と整数ベクトル b で与えられる有理多面集合 $P = \{x : Ax \leq b\}$ の整数包 P_I は,$P_I = \mathrm{conv}(\{z_1, \ldots, z_k\}) + \mathrm{cone}(\{r_1, \ldots, r_h\})$ と書ける.これらの生成元 z_i と r_j のサイズは,行列 $[A\,b]$ の行の最大サイズに関する多項式関数でおさえられる.

証明 $P = \{x : Ax \leq b\}$ を有理多面集合,δ を $[A\,b]$ の行の最大サイズとする.

定理 2.17 から,有理多面体 P は $Q = \mathrm{conv}(\{v_1, \ldots, v_s\})$ と $C = \mathrm{cone}(\{r_1, \ldots, r_h\})$ からなる生成表現 $Q + C$ を有する.ただし,各 v_i と r_j のサイズは δ に関して多項式関数でおさえられる.また,すべての r_j は整数ベクトルであると仮定してよい.定理 3.2 から,$\mathrm{reccone}(P_I) = \{r_1, \ldots, r_h\}$ である.ここで,

$$P_I = \mathrm{conv}(\{z_1, \ldots, z_k\}) + C \tag{3.14}$$

を示そう.ただし,$z_1, \ldots, z_k$ は集合 $Q + Y$ における格子点であり,

$$Y = \Big\{ y : y = \sum_{j=1}^{h} \lambda_j r_j,\ 0 \leq \lambda_j \leq 1,\ j = 1, \ldots, h,$$
$$\text{高々 } d \text{ 個の } \lambda_j \text{ が正である} \Big\} \tag{3.15}$$

とする.r_j はすべて整数であり,そのサイズは δ に関して多項式関数でおさえられる.また,高々 d 個の r_j が z_i を表現するのに用いられており,Q の各格子点のサイズが δ に関して多項式関数でおさえられることから,各ベクトル z_i のサイズは δ に関して多項式関数でおさえられる.

残すは (3.14) を示すことである.そのため,註 2.18 にあるように,極小な空

でない P_I の面 F が $\{z_1, \ldots, z_k\}$ の少なくとも 1 点を含むことを示せば十分である. z を F の格子点とする. $z \in P$ より,

$$z = q + \sum_{j=1}^{h} \mu_j r_j \tag{3.16}$$

を満たす $\mu_j \geq 0$ が存在する. Carathéodory の定理（定理 2.6）から, 高々 d 個の μ_j が正であると仮定してよい.

$$z' := q + \sum_{j=1}^{h} (\mu_j - \lfloor \mu_j \rfloor) r_j \tag{3.17}$$

より, z' は整数ベクトルであり, $\{z_1, \ldots, z_k\}$ のベクトルの 1 つであることから, $z' \in F$ であるとわかる. □

系 3.4　IP (3.2) は NP に属している.（つまり, NP-完全である.）

3.3　混合整数計画の計算量

系 3.4 に関連して, 混合整数計画（mixed integer programming, 略して MIP）が NP に属するか, つまり NP-完全であるかという疑問がわいてくる. $A \in \mathbb{Q}^{m \times d}$, $B \in \mathbb{Q}^{m \times n}$, $c \in \mathbb{Q}^m$ であるとき, MIP とは,

$$Ax + By \leq c, \quad x \in \mathbb{Z}^d, \quad y \in \mathbb{R}^n \tag{3.18}$$

を満たす (x, y) が存在するか否かを決定する問題である.

定理 3.5　MIP (3.18) は NP に属している.（つまり, NP-完全である.）

証明　MIP に実行可能解 (x, y) が存在するとき, x が入力の多項式サイズである実行可能解 (x, y) が存在することを示せば十分である. MIP が実行可能解をもつと仮定し, 空でない多面集合 $P = \{(x, y) : A\,x + B\,y \leq c\}$ の x-空間への射影 Q を見る. Q_I は空ではない. 系 2.19 より, Q の H-表現は $\{x \in \mathbb{R}^d : Dx \leq f\}$ となる. ただし, 各 $[D_i\, f_i]$ のサイズは, 行列 $[A\, B\, c]$ の行の最大サイズに関する多項式関数でおさえられる. 定理 2.17 から, Q の V-表現は, 各生成元のサイ

ズが行列 $[A\ B\ c]$ の行の最大サイズに関する多項式でおさえられることになる.

ここで, Q に適用された定理 3.3 から, Q_I の V-表現も, 各生成元のサイズが行列 $[A\ B\ c]$ の行の最大サイズに関する多項式関数でおさえられる. □

註 3.6 François Margot (Carnegie Mellon University) と福田による定理 3.5 の証明は文献には見当たらなかったが, 2010 年 10 月時点で独立に Michele Conforti (University of Padova) と Gérard Cornuéjols (Carnegie Mellon) が証明を与えている.

3.4 多面体の格子点に関する補足

多面体の格子点に関する重要な結果について, ここでは証明なしに結果のみ紹介する. 証明はそれほど難しくないが, 本書の範囲を超えた内容である.

次の定理は Carathéodory の定理の整数版として知られる.

定理 3.7 (Cook, Fonlupt and Schrijver (1983)) 尖状の有理錐を C, 極小の整数 Hilbert 基底を $\widehat{B}$ とする. このとき, C の格子点 p は, $\widehat{B}$ にある高々 $2d-1$ 個のベクトルの非負整数結合である.

のちに, この $2d-1$ という上限は Sebö (1990) により $2d-2$ にまで改善された.

整数計画の解と線形緩和 (linear programming relaxation) して得られる解との乖離も興味深い結果の 1 つである.

定理 3.8 (Cook, Gerards, Schrijver and Tardos (1986)) 行列 $A \in \mathbb{Z}^{m \times d}$ とベクトル $b \in \mathbb{Z}^m$, $c \in \mathbb{Z}^d$ に対して, 整数計画問題:最大化 $c^T x$, 制約条件 $Ax \le b$, $x \in \mathbb{Z}^d$ を (IP), 制約条件 $x \in \mathbb{Z}^d$ を排除した LP 緩和を (LP) とする. また, D を A の小行列式の絶対値の最大値とする. 両問題が最適解をもつと仮定すると, 以下が成立する.

(a) (LP) の最適解 x^* に対して, すべての i で $|x_i^* - z_i^*| \le dD$ を満たす (IP) の最適解 z^* が存在する

(b) (IP) の最適解 z^* に対して，すべての i で $|x_i^* - z_i^*| \le dD$ を満たす (LP) の最適解 x^* が存在する

定理 1.1 より，D のサイズは行列 A のサイズの高々 2 倍である．したがって，上述の定理から，両問題が最適解をもつとき，与えられた LP の最適解を中心とする多項式サイズの幅の超立方体 (hypercube) に (IP) の最適解が存在することになる．

3.5 演習問題

▶ **演習問題 3.1 Hilbert 基底** 2 つの異なる極小な整数 Hilbert 基底を有する有理錐の簡単な例を示せ．この錐は尖状ではない．有理錐が尖状でないとき，極小な整数 Hilbert 基底が一意に定まらないことを示せ．

▶ **演習問題 3.2 Hilbert 基底のサイズに関する下界** 定理 3.1 の証明で，$t = n$ かつ n 個の線形独立なベクトル $C = \mathrm{cone}(\{a_1, a_2, \ldots, a_n\})$ から有理錐が生成されることを仮定して，n に関する k の厳密な下界と行列式 $\det([a_1\, a_2\, \cdots\, a_n])$ の絶対値を導け．

第 4 章

多面集合の双対性

凸多面集合の双対性 (duality) は，多面体理論と多面体計算の両方で大変興味深い概念である．双対性は，多面体の V-表現と H-表現との表現変換が本質的に同じであることを示唆している．

4.1 面束

$\mathbb{R}^d$ 上の凸多面体を P とする．P の各面 F は定義から再び凸多面体である．P の次元 (dimension) $\dim(P)$ は P 中のアフィン独立な点の最大数から 1 を引いた数である．P の k-次元面の数を $f_k(P)$ と表す．定理 2.14 から，$f_k(P)$ は有限である．k-次元面（多面体）を単に **k-面** (k-face)（**k-多面体** (k-polyotpe)）という．d-多面体 P において，ベクトル

$$f(P) := (f_{-1}, f_0, f_1, \ldots, f_d) \tag{4.1}$$

を P の **f-ベクトル** (f-vector) という．$f_{-1} = f_d = 1$ は自明である．

集合の包含関係に関して順序付けた P の面の有限集合を $\mathcal{F}(P)$ と表し，P の**面束** (face lattice) という．束 (lattice) とは，任意の 2 要素 a と b の結び (join)（最小上界）と交わり (meet)（最大下界）がその集合に存在する半順序集合のことである．多面体の面束は，その多面体の**組合せ構造** (combinatorial structure) としても知られる．図 4.1 に 1-立方体，2-立方体，3-立方体の面束が描かれている．これらの f-ベクトルは $(1, 2, 1)$, $(1, 4, 4, 1)$, $(1, 8, 12, 6, 1)$ である．すべての 1-多面体は有限な線分 (line segment) であり，組合せ的にはダイアモンド (diamond) と同じである．

束がある多面体の束と同型であるとき，束は**多面体的** (polytopal) であるとい

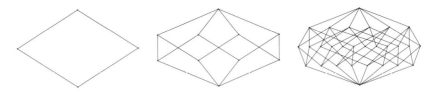

図 4.1 1-立方体, 2-立方体, 3-立方体の面束を表すハッセ図

う. 多面体的束 (polytopal lattice) の有する性質を次に述べる.

命題 4.1 多面体的束は以下の性質を満たす.
(a) 多面体的束は **Jordan–Dedekind 鎖条件** (Jordan–Dedekind chain property) を満たす. つまり, 順序付けられた任意の 2 要素 $a < b$ 間の極大鎖 (maximal chain) はどれも同じ長さを持つ.
(b) 順序付けられた任意の 2 要素 $a < b$ において, 区間 (interval) $[a, b]$, つまり a と b の間の要素集合もまた多面体的束である. 特に, 高さ 2 のどの区間もダイヤモンドとなる.

後で述べる多面体的双対性 (polytopal duality) についてはこれらの性質を使わずに証明するので, 証明は後の章で行う.

多面体 P において, 多面体 P' が P の**双対** (dual) であるとは, $\mathcal{F}(P')$ が $\mathcal{F}(P)$ と**逆同型** (anti-isomorphic) であるときである. 2 つの束が逆同型であるとは, 2 つの束のうち一方がもう一方の**上下逆** (upside-down) の束 (**逆順序** (order reversed)) と**同型** (isomorphic) であることをいう. したがって, 多面体 P と双対多面体 P' の次元は等しく, f-ベクトルは逆になり, すべての $i = -1, 0, \ldots, d$ において $f_i(P) = f_{d-i-1}(P')$ である. 下は双対性に関する基本的な定理である.

定理 4.2 どの多面体にも双対多面体がある.

双対多面体が一意に定まらないことはすぐにわかる. 任意の d-単体は d-単体の双対である. 3-立方体は正八面体の双対であるが, 同型な面束を持つ幾何的に異なる多面体は無数に存在する.

しかし, 双対多面体の単純な構成法で, 理論上も計算上も強力なものがある. 内部に原点を含む $\mathbb{R}^d$ 上の**凸体** (convex body) C に対して, その**極** (polar) を

50　　第 4 章　多面集合の双対性

C^* で表し,

$$C^* = \{y \in \mathbb{R}^d : x^T y \le 1, \ \forall x \in C\} \tag{4.2}$$

と定義する.

定理 4.3　内部に原点を含む多面体を P とする. このとき, 極 P^* は P の双対多面体である.

4.2　活性集合と面表現

　定理 2.9 で学習したように, どの多面集合も H-表現と V-表現の 2 つの表現を有する. これら 2 つの表現は双対性と密接な関係にある. H-表現の転置を V-表現とすることで, 双対多面体が得られる. この命題は常に成り立つわけではないが, 適切な仮定のもとでは成り立つ.

　P を H-表現 (A, b) と V-表現 (V, R) を持つ多面体とする. (A, b) の各行を (A_i, b_i) と表し, 不等式 $A_i x \le b_i$ を表現する. V と R の各列はそれぞれ j 番目の頂点生成元と k 番目の半直線生成元であり, それぞれ v_j, r_k と表す. 少し不正確だが, H-表現 (A, b) をすべての行 (A_i, b_i) の集合, V (R) をすべての列 v_j (r_k) の集合とみなせばよい.

　P の空でない面を F とする. 不等式 (A_i, b_i) が, F のすべての頂点で等号が成立するとき, その不等式は**活性**である (active) という. すべての活性な不等式の集合を F 上の**活性不等式** (active inequality) 集合とよぶ.

　同様に, 頂点生成元 v_j が $v_j \in F$ を満たすとき, v_j は F 上で**活性** (active) であるという. 半直線生成元 r_k が**活性** (active) であるとは, F 上の任意の点から r_k の方向へ向かって進んでも面 F にとどまる, つまり, 任意の $x \in F$ と $\theta \ge 0$ に対して $x + \theta r_k \in F$ を満たすことになる. すべての活性頂点と活性半直線の集合のペア (V', R') を F における**活性生成元** (active generator) 集合とよぶ. 集合の包含関係を集合のペアに拡張し, $(V'', R'') \subseteq (V', R')$ を $V'' \subseteq V'$ かつ $R'' \subseteq R'$ と定義する.

　活性不等式と活性生成元は, 面および面束の表現において大変重要である.

定理 4.4　P を V-表現 (V, R) の多面体とし，F を P の空でない面とする．このとき，F における活性生成元集合のペア (V', R') は F の V-表現である．

証明　(J, K) を (V', R') の列の添字集合とし，$V' = (v_j : j \in J)$，$R' = (r_k : k \in K)$ とする．

$$\overline{F} = \{x \in \mathbb{R}^d : x = V'\mu' + R'\lambda', \ \mu' \geq \mathbf{0}, \ \mathbf{1}^T\mu' = 1, \ \lambda' \geq \mathbf{0}\}$$

について，$F = \overline{F}$ を示す必要がある．活性生成元の定義から，$F \supseteq \overline{F}$ である．逆の包含関係に関して，$p \in F$ とし，$p \notin \overline{F}$ と仮定する．$p \in P$ より，ある $\mu \geq \mathbf{0}, \mathbf{1}^T\mu = 1$ とある $\lambda \geq \mathbf{0}$ に対して

$$p = V\mu + R\lambda \tag{4.3}$$

を満たす．$p \notin \overline{F}$ であるので，$j \notin J$ のとき $\mu_j > 0$ である j，または $k \notin K$ のとき $\lambda_k > 0$ である k が存在する．$\mu_j > 0$ である $j \notin J$ が存在すると仮定すると，$v_j \notin F$ である．(A, b) を P の H-表現とする．$v_j \notin F$ より，$A_i v_j < b_i$ を満たす F における活性不等式 (A_i, b_i) が存在する．この不等式は F において活性であるので，$A_i p = b_i$ である．これは，この活性不等式を満たさない p の右辺 (4.3) に半直線生成元または頂点生成元が存在することを示唆しており，矛盾である．2 つ目の場合も同様に矛盾を導くことができ，$p \in \overline{F}$ となる．　□

定理 4.5　H-表現が (A, b) で V-表現が (V, R) である多面体を P とする．このとき，以下が成り立つ．

(a) 面束 $\mathcal{F}(P) \setminus \{\emptyset\}$ は，集合の包含関係に関するすべての活性不等式集合族と逆同型である．

(b) 面束 $\mathcal{F}(P) \setminus \{\emptyset\}$ は，集合の包含関係に関するすべての活性生成元集合族と同型である．

証明　(a) については，面が大きいほど，その活性不等式集合が小さくなることは明らかである．重要なのは，面が厳密に大きくなると，その活性不等式集合が厳密に小さくなるかどうかである．これは定理 2.14 から直接導かれる．

(b) については，(a) と同様の議論により，定理 4.4 から導かれる．　□

4.3 錐の双対性

多面体の双対性を証明する前に，錐 (cone) の双対性が活性ファセットによる面束表現に関する基本定理（定理 4.5）から直接導かれることを示す．

双対（多面的）錐の概念は，双対の面束が極の（上下逆の）面束であるという点で，多面体と本質的に同じである．ただ，厳密には小さな違いがある．多面体の空集合と同じく極小な面がどの錐にも1つだけ含まれるが，この極小な面が非空であるという点で，錐は多面体と異なる．このことから，集合の包含関係に関して順序付けられた錐 C のすべての非空な面の集合を C の面束 $\mathcal{F}(C)$ と定義する．したがって，$\mathcal{F}(C)$ と $\mathcal{F}(C')$ が逆同型であるとき，錐 C' は錐 C の双対錐 (dual cone) であるという．

定理 4.6　どの（多面体的）錐にも双対錐が存在する．

構成的に証明しよう．まず，2つの錐を定義する．$m \times d$ の実数行列 A に対して，

$$C_H(A) = \{x : Ax \leq \mathbf{0}\} \tag{4.4}$$

を H-表現とする A に関する錐を $C_H(A)$ と表す．$d \times s$ の実数行列 R に対して，

$$C_V(R) = \{x : x = R\lambda,\ \lambda \geq \mathbf{0}\} \tag{4.5}$$

を V-表現とする R に関する錐を $C_V(R)$ と表す．すると，Minkowski–Weyl の定理（定理 2.10）は，集合 C が行列 A に対して $C = C_H(A)$ と書けることと，行列 R に対して $C = C_V(R)$ と書けることは同値であると述べていることになる．次の定理 4.7 は，錐の双対性に関する強力な（構成的な）定理である．

定理 4.7　任意の $m \times d$ の実数行列 A に対して，錐 $C_H(A)$ と錐 $C_V(A^T)$ は互いに双対である（図 4.2 参照）．

証明　$m \times d$ の実数行列を A，$C_H(A)$ の任意の空でない面を F とする．また，F における活性不等式の行の添字集合を $I \subseteq [m]$ とする．つまり，$F = \{x \in C_H(A) : A_I x = \mathbf{0}\}$ であり，

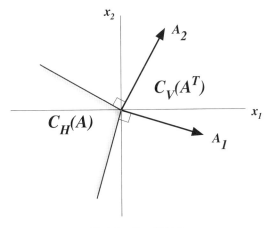

図 4.2 錐の双対性

$$\exists c \in \mathbb{R}^d : \begin{array}{ll} A_i c = \mathbf{0}, & \forall i \in I, \\ A_j c < \mathbf{0}, & \forall j \in [m] \setminus I, \end{array}$$

または等価である

$$\exists c \in \mathbb{R}^d : \begin{array}{ll} c^T (A_i)^T = \mathbf{0}, & \forall i \in I, \\ c^T (A_j)^T < \mathbf{0}, & \forall j \in [m] \setminus I \end{array}$$

が導かれる．ベクトル $(A_i)^T$ $(i \in [m])$ は錐 $C_V(A^T)$ の生成元であるので，上述の関係から $\{(A_i)^T : i \in I\}$ は $C_V(A^T)$ の面における活性生成元の集合であり，錐 $C_V(A^T)$ の妥当不等式 $c^T x \leq 0$ により決定されることがわかる．逆方向については明らかである．

集合の包含関係を逆にすると，$C_H(A)$ の非空な面集合と $C_V(A^T)$ の非空な面集合との間に一対一対応の関係が得られる． □

▶ **課題 4.1** 上述の証明で，

$$\exists c \in \mathbb{R}^d : \begin{array}{ll} A_i c = \mathbf{0}, & \forall i \in I, \\ A_j c < \mathbf{0}, & \forall j \in [m] \setminus I \end{array}$$

である理由を説明せよ．特に，すべての等号無し不等式を同時に満たす点 c が存在する理由を述べよ．

4.4 多面体の双対性

前節で学習したように，錐の双対性は自然に現れる．錐の H-表現からその双対錐の V-表現が導かれ，逆もまた同じである．つまり，錐 $C_H(A)$ と $C_V(A^T)$ は行列 A に関しておたがいに双対である．

多面体の双対性についても，錐の双対性をうまく使えばよい．重要なのは，d-多面体 P が $(d+1)$-錐 C と超平面 $x_{d+1} = -1$ との共通部分として C に埋め込まれるように，P を $(d+1)$-錐 C の共通部分として表すことである．P が V-多面体の場合は容易である．ある行列 R と $\mathbb{R}^{d+1}$ 上の錐 $C_V(R)$ が与えられれば，$C_V(R)$ の双対，つまり $C_H(R^T)$ が構成できる．難しいのはその後であり，$C_H(R^T)$ が超平面と「うまく」交わっていることを確かめる必要がある．つまり，共通部分が多面体で，かつ $C_H(R^T)$ と同じ面束となるようにである．これができれば，P の双対を構成できる．

$V = [v_1, \ldots, v_m]$ を V-表現とする d-多面体を P として，

$$\hat{V} := \begin{bmatrix} v_1 & v_2 & \cdots & v_m \\ -1 & -1 & \cdots & -1 \end{bmatrix} \tag{4.6}$$

とする．定理 4.7 から，下で定義される錐 C と D は互いに双対である．

$$C := C_V(\hat{V}) = \{x : x = \hat{V}\lambda, \ \lambda \geq \mathbf{0}\} \tag{4.7}$$

$$D := C_H(\hat{V}^T) = \{x : \hat{V}^T x \leq \mathbf{0}\} \tag{4.8}$$

先ほど述べた通り，錐 C で P を表現できる．

命題 4.8 面束 $\mathcal{F}(P)$ と $\mathcal{F}(C)$ は同型である．

証明 超平面 $h^{-1} := \{x \in \mathbb{R}^{d+1} : x_{d+1} = -1\}$ による C の切り口 P' を考えよう．P と P' はアフィン同型であり，面束は互いに同型となる．あとは，$\mathcal{F}(C)$ と $\mathcal{F}(P')$ が同型であることを示せばよい．これは，$\hat{V}$ が C の V-表現であると同時に，P' の V-表現であることから導かれる． $\qquad\square$

定理 4.2 の証明はほぼ完了している．なぜなら，D の面束は，実現すべき多面体の面束であるからである．示すべきことは，切り口 Q' の面束が錐 D と同

型な面束となるように D が超平面で切られているかである．ここで，超平面 $h^{+1} := \{x \in \mathbb{R}^{d+1} : x_{d+1} = +1\}$ を考え，

$$Q' := D \cap h^{+1} \tag{4.9}$$

を定義する．

$$
\begin{aligned}
Q' &= \left\{ \begin{bmatrix} x \\ x_{d+1} \end{bmatrix} \in \mathbb{R}^{d+1} : \begin{bmatrix} v_1^T & -1 \\ \vdots & \vdots \\ v_m^T & -1 \end{bmatrix} \begin{bmatrix} x \\ x_{d+1} \end{bmatrix} \leq \mathbf{0} \right\} \\
&\quad \cap \{x \in \mathbb{R}^{d+1} : x_{d+1} = +1\} \\
&= \left\{ \begin{bmatrix} x \\ 1 \end{bmatrix} \in \mathbb{R}^{d+1} : v_i^T x \leq 1, \ \forall i = 1, \dots, m \right\}
\end{aligned}
\tag{4.10}
$$

であるので，多面体 Q' は多面体

$$Q = \{x \in \mathbb{R}^d : v_i^T x \leq 1, \ \forall i = 1, \dots, m\} = \{x \in \mathbb{R}^d : V^T x \leq \mathbf{1}\} \tag{4.11}$$

とアフィン同型である．多面体 Q（と Q'）は D と同型な面束をもつとはかぎらない．この例を構成しよう．次の定理は，双対性が機能する適切な仮定を提供する．

定理 4.9 P が原点をその内部に含むとき，多面体 Q は P と双対な多面体である．

証明 P がその内部に原点を含むと仮定する．錐 D と多面体 Q' の面束が同型であること，つまり Q' が有界で Q' の V-表現が D の V-表現であることを示せばよい．（図 4.3 はこの仮定が必要であることを示している．）

この仮定が

$$\operatorname{rank} V = d, \tag{4.12}$$

$$\exists \lambda > \mathbf{0} : \ V\lambda = \mathbf{0} \tag{4.13}$$

と同値であることを観察してみよう．二者択一定理（課題 2.5）から，(4.13) は

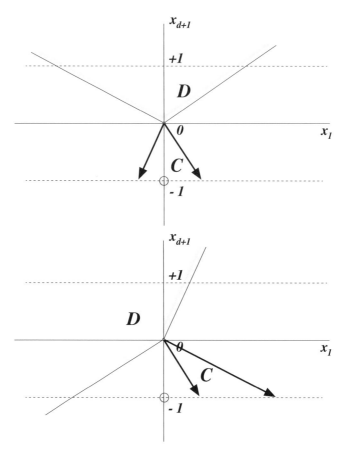

図 4.3 多面体の双対性：機能するときとそうでないとき

$$\nexists x : V^T x \lneq \mathbf{0} \tag{4.13'}$$

と同値である．

Q（と Q'）が有界であることを示すために逆，つまり非有界な方向が Q に存在することを仮定する．言い換えると，$V^T z \leq \mathbf{0}$ を満たす非ゼロのベクトル z が存在するということである．(4.13') より，この仮定から $V^T z = \mathbf{0}$ かつ $z \neq \mathbf{0}$ が導かれる．これは仮定 (4.12) に矛盾する．

では，Q' の V-表現が D の V-表現であることを示そう．そのため，任意の非ゼロベクトル $(x, x_{d+1})^T \in D$ をとり，$x_{d+1} > 0$ であることを示す．これは，標準化されたベクトル $(x/x_{d+1}, 1)^T$ が Q' にあることを意味する．したがって，

Q' の任意の V-表現は錐 D を表す.

$$\begin{bmatrix} x \\ x_{d+1} \end{bmatrix} \neq \mathbf{0},\ \hat{V}^T \begin{bmatrix} x \\ x_{d+1} \end{bmatrix} \leq \mathbf{0} \quad \Longrightarrow \quad \begin{bmatrix} x \\ x_{d+1} \end{bmatrix} \neq \mathbf{0},\ V^T x - \mathbf{1} x_{d+1} \leq \mathbf{0}$$

$$\Longrightarrow \quad x_{d+1} > 0$$

より，$x_{d+1} > 0$ が得られる.

　最後の帰結は次の理由から正しい．$x_{d+1} \leq 0$ のとき，$x \neq \mathbf{0}$ において $V^T x \leq \mathbf{0}$ となるが，これは仮定 (4.12) と (4.13′) に矛盾するからである． $\square$

4.5　双対ペアの例

　2.6 節で多面体の例をいくつか紹介した．これらの双対を見てみよう．まず，d-単体が自己双対 (self-dual) であることはすぐにわかる．d-立方体の双対多面体はどうだろうか？頂点集合が $\{-1, 1\}^d$ である中心対称な (centrally symmetric) 立方体 Cube(d) を考えるのが一番わかりやすいだろう.

$$\text{Cube}(d) = \text{conv}\{-1, 1\}^d = \{x \in \mathbb{R}^d : \pm(e_i)^T x \leq 1,\ \forall i = 1, \ldots, d\}. \quad (4.14)$$

Cube(d) の極は d-十字多面体 (d-cross polytope) である.

$$\text{Cross}(d) = \{x : a^T x \leq 1,\ \forall a \in \{-1, 1\}^d\} = \text{conv}\{\pm e_i : i = 1, \ldots, d\}. \quad (4.15)$$

　5 つの 3 次元正多面体 (regular polytope) のうち，残る正十二面体 (dodecahedron) と正二十面体 (icosahedron) も双対である.

　二十・十二面体 (icosa-dodecahedron) は正十二面体の各頂点に隣接する辺の中点を通るように各頂点を切り落としたものである．ファセットの数は，正二十面体と正十二面体のファセット数の和 $32 = 12 + 20$ に等しい．この双対は菱形三十面体 (rhombic triacontahedron) として知られ，準結晶 (quasicrystal) として現れる特別なゾノトープである.

　以上をまとめると表 4.1 のようになる.

4.6　単純多面体と単体的多面体

　3-立方体と正十二面体はともに単純 (simple) 多面体であり，これらの双対は

58 第 4 章 多面集合の双対性

表 4.1 3 次元正多面体とその双対多面体

種類	図	# 頂点	# ファセット	# i-面
Cube(d)		2^d	$2d$	$\binom{d}{i}2^{d-i}$
Cross(d)		$2d$	2^d	$\binom{d}{i+1}2^{i+1}$
正十二面体		20	12	
正二十面体		12	20	
菱形三十面体		32	30	
二十・十二面体		30	32	

単体的 (simplicial) 多面体である．一般的に，単純 d-多面体とは各頂点がちょうど d 個のファセットに含まれる多面体であり，単体的 d-多面体とは各ファセットがちょうど d 個の頂点を含む多面体である．

命題 4.10 d-多面体 P に対して，以下は等価である．

(a) P は単純である．

(b) P の各頂点 v にはちょうど d 本の辺が隣接する．

(c) P の各頂点 v に隣接する任意の相異なる k 本の辺には，k 本の辺を含む k-面が一意に定まる．

(d) P の各頂点 v と v に隣接する任意の相異なる 2 本の辺には，2 本の辺を含む 2-面が一意に定まる．

命題 4.11 d-多面体 P に対して，以下は等価である．

(a) P は単体的である．

(b) P の各ファセット f はちょうど d 本のリッジを含む．

(c) P の各ファセット f に含まれる任意の相異なる k 個のリッジの共通部分は，$(d-k-1)$-面である．

(d) P の各ファセット f に含まれる任意の相異なる 2 つのリッジの共通部分は，$(d-3)$-面である．

4.7 グラフと双対グラフ

命題 4.1 は高さ 2 の各区間がダイアモンドであることを示している．つまり，多面体について 2 種類のグラフを定義できる．多面体 P のグラフ (graph) とは，P の頂点集合 $V(P)$ と，2 つの頂点のペアとして表現される辺集合 $E(P)$ からなる $G(P) = (V(P), E(P))$ である．多面体 P の双対グラフ (dual graph) とは，P のファセット集合 $F(P)$ と，あるリッジを含む 2 つのファセットのペアとして表現されるリッジ集合 $E(P)$ からなる $G^D(P) = (F(P), R(P))$ である．双対性の定義から，Q が多面体 P の双対であるとき，$G(P)$ は $G^D(Q)$ に同型である．

4.8 具体例：ゾノトープ

$\mathbb{R}^d$ 上のゾノトープ P とは，有限個の線分の Minkowski 和として表現される凸多面体である．

$$P = L_1 + L_2 + \cdots + L_m$$

ここで，L_i $(i = 1, \ldots, m)$ とは $a_i, b_i \in \mathbb{R}^d$ からなる線分 $[a_i, b_i]$ である．線分 $[a_i, b_i]$ $(i = 1, \ldots, m)$ はゾノトープ P の**生成元**とよばれる．

ゾノトープの単純な例は，d-**次元単位超立方体** (d-dimensional unit hypercube)

$$C_d = [0, e^1] + [0, e^2] + \cdots + [0, e^d]$$

である．ここで，e^i は $\mathbb{R}^d$ 上の i 番目の単位ベクトルを表す．単位超立方体は，$\mathbb{R}^d$ 上の 0/1 ベクトル 2^d 本の凸包

$$C_d = \mathrm{conv}(\{0, 1\}^d)$$

である．また，単位超立方体は $2d$ 個のファセット不等式

$$C_d = \{x \in \mathbb{R}^d : 0 \le x_j \le 1, \ \forall j = 1, \ldots, d\}$$

により表される．単位超立方体は特殊なゾノトープである一方，m 本の線分から生成されるどのゾノトープ P も，アフィン写像による m-次元超立方体 C_m の像（射影）である．

m 個の生成元からなる d-次元ゾノトープ P の頂点数とファセット数を考えてみよう．P の k-次元面の数を $f_k(P)$ と表す．特に，$f_0(P)$ と $f_{d-1}(P)$ は P の頂点（＝端点）数とファセット数である．したがって，ゾノトープの定義から $f_0(P) \le 2^m$ とわかる．自明な上界は d に依存しないが，あまり役には立たない．

厳密な上界に関する古典的な定理がある．この上界は，$\mathbb{R}^d$ 上の m 個の超平面からなる超平面アレンジメントにおけるセル[1] の最大数として与えられる．

(a) m $(\ge d)$ 個の生成元により構成される d-次元ゾノトープを P とする．このとき，$f_0(P) \le 2 \sum_{i=0}^{d-1} \binom{m-1}{i}$ かつ $f_{d-1} \le 2\binom{m}{d-1}$ である．特定のゾ

---

[1] 超平面アレンジメントのセルについては第 9 章を参照せよ．

ノトープで等号が成立するので，この上界は最良のものである．

任意の固定された (fixed) d において，これらの上界値の順序を理解するとよい．f_{d-1} の上界は $O(m^{d-1})$ である．頂点数の上界値は $\sum_{i=0}^{d-1} \binom{m-1}{i}$ と表される．オーダーを決定する支配項は最後の $\binom{m-1}{d-1}$ であり，$(m-1)^{d-1}$ オーダーである．

さて，上界値を達成するゾノトープは何だろうか？ 生成元を適切な乱択尺度で選択すれば，確率的に最大値を達成するゾノトープが得られる．一方で，上界値を達成するゾノトープに規則性がないわけではない．たとえば，超立方体は上界値を達成する．（理由を考えてみよう．）

ここで，ランダムに生成されたゾノトープを見てみよう．図 4.4 は，ランダムに選ばれたベクトル $b_i \in \mathbb{R}^3$ に対して，生成元 $[\mathbf{0}, b_i]$ で構成された 3 次元ゾノトープを表している．ランダムなゾノトープの特徴の 1 つは，各ファセットの頂点数が $2(d-1)$ に等しい，つまりファセットが中心対称な四角形（平行四辺形）であることである．また，ゾノトープの組合せ的直径は生成元数に等しい．ここで，P の組合せ的直径 (combinatorial diameter) とは，P の 2 点間のグラフの最小距離のうち最大のものである．Zaslavsky [74] は，これら 2 つの性質から定理 (a) の上界値を達成するゾノトープを特徴付けられることを示した．

図 4.5 の切頂された 3 次元立方体は，上界値を達成しないゾノトープの例であり，四角形，六角形，八角形の 3 種類のファセットがある．

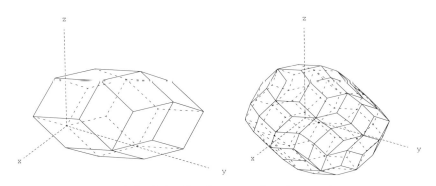

図 4.4 生成元数 5 と 10 の 3 次元ゾノトープ

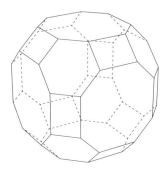

図 4.5 切頂立方体：ランダム選択ではない 6 個の生成元で構成される 3 次元ゾノトープ

ゾノトープの計算

$\mathbb{R}^d$ 上のゾノトープ P を構成する m 個の生成元があると仮定する．極小の V-表現と極小の H-表現の計算方法を見てみよう．

まず，これらの生成元が $i = 1, \ldots, m$ において $L_i = [\mathbf{0}, b_i]$ の形であると仮定する．なぜなら，生成元を平行移動すると，その平行移動の和だけゾノトープも平行移動するからである．

かなり冗長な V-表現を見つける（非効率ではあるが）簡単な方法がある．各 i において $\mathbf{0}$ または b_i を選び，その和を計算する．P の各頂点はまさにこの和である．V-表現を与える 2^m 個の和がある．線形計画法によりすべての冗長な要素を排除できる．cddlib と lrslib には冗長性を排除するプログラムとライブラリが入っている．

（入力サイズと出力サイズともに）多項式でかつ非常に実用的な効率の良いアルゴリズム [6] がある．[2, 24] で提案されたように，ゾノトープの頂点を計算することでバイナリー 2 次計画問題を解く実装がある．d を固定すれば，漸近的に最適なアルゴリズム [22] がある．

超平面生成に関する Seymour のアルゴリズム [68] は理論的には動作するものの，H-表現を効率よく計算することは未解決である．多項式でかつコンパクトなアルゴリズム（必要なメモリが入力サイズに関して多項式サイズであるアルゴリズム）の構築は困難かもしれないが興味深い問題である．

4.9 演習問題

▶ **演習問題 4.1 ゾノトープの双対** $\mathbb{R}^n$ 上のベクトル $v_1, v_2, \ldots, v_k$ がある. 線分 $[\mathbf{0}, v_i]$ を I_i とする. つまり, $I_i := \{x : x = \lambda_i v_i,\ 0 \leq \lambda_i \leq 1\}$ である. これらの線分に関する Minkowski 和 $Z := I_1 + I_2 + \cdots + I_k$ をゾノトープとよぶ.

1. Z の各端点は, $i = 1, \ldots, k$ において $\sum_{i=1}^{k} \lambda_i v_i$ と書けることを示せ. ただし, $\lambda_i \in \{0, 1\}$ とする.
2. $i = 1, \ldots, k$ において $\sum_{i=1}^{k} \lambda_i v_i$ と書かれたすべての点が端点とならないゾノトープの例を示せ. ただし, $\lambda_i \in \{0, 1\}$ とする.
3. ゾノトープ Z の双対の H-表現を書け.

▶ **演習問題 4.2 Euler の関係** 任意の 3 次元多面体を P とする. f_k が k-次元面の数を表すとき, ベクトル $f(P) = (f_{-1}, f_0, f_1, f_2, f_3)$ は P の f-ベクトルである. Euler の関係とは, 任意の 3 次元多面体において $f_0 - f_1 + f_2 = 2$ が成り立つことである.

1. 辺数が高々 9 である 4 つの異なる 3 次元多面体を描け.
2. Euler の関係を用いて, 1. を満たす多面体はこれら 4 つの多面体に限られることを示せ.

▶ **演習問題 4.3 サッカーボール** 3-多面体のグラフに関する以下の問いに答えよ.

1. 頂点数 n の単純な 3-多面体の辺数とファセット数を, Euler の関係を用いて n の関数として表せ.
2. 図 4.6 に示すサッカーボールは五角形と六角形のファセットで構成され

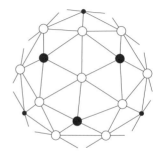

図 4.6 サッカーボール

ている．それぞれのファセット数を導け．

3. 頂点数 n の 3-多面体の辺数の最大値とファセット数の最大値が n の関数として書けることを示せ．サッカーボールまたはその双対が最大値を達成するだろうか？

第5章

線シェリングとEulerの関係

5.1 線シェリング

多面体 P が $P = \{x \in \mathbb{R}^d : A_i\, x \le 1,\ i = 1, 2, \ldots, m\}$ と表されることと,P の内部に原点を含むこととは同値である.

厳密には 5.2 節で定義するが,スイスの数学者 Ludwig Schläfli (1901) に従ってトポロジカルな定義 [13] をすると,P の境界 (boundary) におけるシェリング (shelling) とは,ファセットの全順序 $F_1, F_2, \ldots, F_m$ であり,各 $k = 2, 3, \ldots, m-1$ において $(\bigcup_{i=1}^{k-1} F_i) \cap F_k$ が位相的に $(d-2)$-球と同相であることである(図 5.1 参照).このトポロジカルな定義と,のちに紹介する組合せ的に抽象化した定義とは異なることに注意せよ.

次の定理は多面体に関する基本的な定理で,理論と計算の両面で役に立つ.

定理 5.1 (Bruggesser–Mani [13] (1971)) どの多面体の境界にもシェリングが存在する.

この定理は証明されないまま,Schläfli によって凸多面体の(あとで登場する)オイラー標数 (Euler characteristic) の計算に用いられた.証明が与えられたのは 70 年後のことである.主方針を示そう.Bruggesser–Mani [13] は,多面体の内部の点を貫通する一般的な位置にある (in general position) 任意の直線が線シェリング (line shelling) とよばれる特別なシェリングを導くというより強い定理を証明した.図 5.2 はその様子を描いている.

第 5 章 線シェリングと Euler の関係

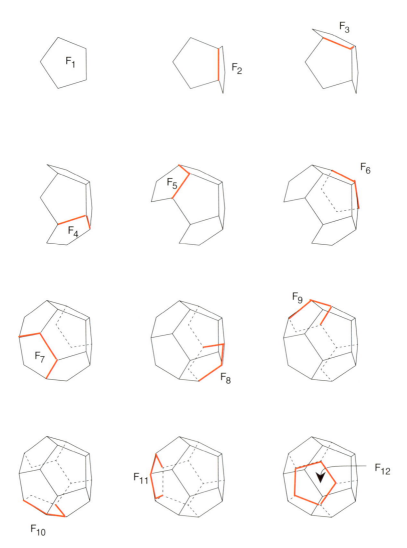

図 5.1 正十二面体のシェリング

5.1 線シェリング　67

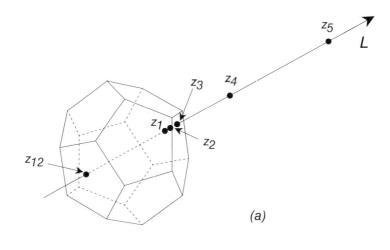

(a)

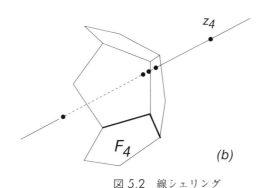

(b)

図 5.2　線シェリング

　与えられた多面体 P を地球と考え，P の内部のある点から出発して，P に対して一般的な位置にある直線 L の方向にそって旅をするとしよう．P の境界と交差する最初の点 z_1 は，ファセット上の点である．このファセットを F_1 とする．次に，ファセットにより張られる半空間の境界上に，別の点 z_2 が得られる．このファセットを F_2 とする．z_2 から少し先に進むと，見えるのは2つのファセット F_1 と F_2 のみである．この旅の過程で見えてくるファセットを1つずつ並べていくと，ファセットの順序が得られる．これらのファセットはすべてではなく，図 5.1 にある F_1 から F_6 までのファセット列である．残りのファセットについても，L の無限遠の反対側から直線にそって順序付ければよい．もう一方の無限遠から直線にそって旅を進める．P からはるか離れた点から見ると，

68   第 5 章　線シェリングと Euler の関係

まだ順序付けられていないすべてのファセットが見える．P に向かって進んで
いくと，見えなくなるファセットがある．このファセットを F_7 とする．次に
見えなくなる別のファセットを F_8 とする．最後のファセット F_{12} に到達する
と，P のすべてのファセットが順序付けられる．このファセットの全順序が P
のシェリングとなることが示される．

$\mathbb{R}^d \setminus P$ 上の任意の点 z から見えるすべてのファセットの和集合は，境界上の
特別な部分集合である．これを z から見える半球 (visible hemispher) とよぼう．
同様に，z から見えない半球 (invisible hemispher) も定義する．定理 5.1 の証
明では，見える半球にも見えない半球にもシェリングが存在するという事実を
用いている．

定理 5.1 を証明する前に，双対多面体における線シェリングを解釈しよう．

$\mathbb{R}^d$ 上の多面体 P はその内部に原点を含むとする．ここで，P の H-表現は
$m \times d$ 行列 A を用いて

$$P = \{x \in \mathbb{R}^d : Ax \leq \mathbf{1}\}$$

と書け，P の極多面体は

$$P^* = \mathrm{conv}(\{A_i^T : i = 1, \ldots, m\})$$

と書ける．ただし，A_i は A の i 番目の行である．

一般的な $c \in \mathbb{R}^d$ に関して，線形関数 $c^T x$ がとる値により双対多面体の頂点
A_i^T を並べ替える．ここで，

$$A_1\, c > A_2\, c > \cdots > A_m\, c$$

と仮定する．元の多面体 P においてこの並べ替えは何を意味するのだろう？ 幾
何的には，この媒介変数表示された直線 $L(\lambda) = \{\lambda\, c : \lambda \in \mathbb{R}\}$ が $A_i\, x = 1$ で
決定される超平面と点 z_i で交差することを意味する（図 5.3 参照）．交差にお
けるパラメタの値を λ_i とすると，

$$z_i = \lambda_i\, c, \quad A_i\, z_i = 1$$

となり，結果として

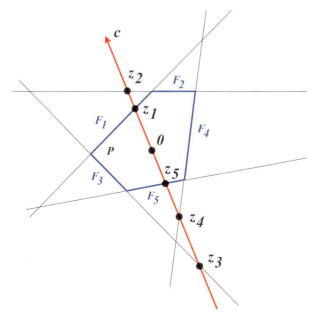

図 5.3 超平面と直線の交差

$$1/\lambda_1 > 1/\lambda_2 > \cdots > 1/\lambda_k > 0 > 1/\lambda_{k+1} > \cdots > 1/\lambda_m$$

が得られる．この順序は先の宇宙旅行で得られた順序と同一である．任意の正の $1/\lambda_i$ において，その値が小さければ小さいほど，点 z_i は原点から遠ざかる．

▶ **課題 5.1** λ_i が負の値の場合はどうだろうか？

5.2 セル複体と見える半球

$\mathbb{R}^d$ における**セル複体** (cell complex) または単に**複体** (complex) K とは，$\mathbb{R}^d$ 上の多面体の有限集合であり，以下の条件を満たす．

(a) $P \in K$ かつ F が P の面であるとき，$F \in K$ である．

(b) $P \in K$ かつ $Q \in K$ のとき，$P \cap Q$ は P と Q の共通の面である．

複体 K の**次元** (dimension) $\dim K$ は，複体を構成する多面体の次元の最大値である．次元 d の複体を **d-複体**という．複体 K の**体** (body) $|K|$ は K を構成するすべての多面体の和集合である．

複体 K の**境界複体** (boundary complex) ∂K は K の部分複体として定義さ

れ，複体の体の境界に含まれる K のすべての要素で構成される．

多面体 P の複体 $K(P)$ は P のすべての面の集合であり，境界複体 $\partial K(P)$ は P のすべての真の (proper) 面の集合である．多面体の複体とその境界複体はともに純 (pure) である．つまり，極大の要素の次元が等しい．

純な複体 K が **B-**シェラブル (B-shellable) であるとは，K の極大の要素が以下の条件を満たす $F_1, F_2, \ldots, F_m$ の順に並べられるときである．その条件とは，各 $k = 2, 3, \ldots, m$ において，$(\bigcup_{i=1}^{k-1} F_i) \cap F_k$ で導かれる部分複体が次元 $(\dim K - 1)$ において B-シェラブルであることである．定義から，0-多面体の複体は B-シェラブルであり，B-シェラブルである 0-複体はこれに限られる．

純な複体 K が **S-**シェラブル (S-shellable) であるとは，K の極大の要素が以下の条件を満たす $F_1, F_2, \ldots, F_m$ の順に並べられるときである．その条件とは，K に少なくとも 2 つの極大な要素が存在し，かつ各 $k = 2, 3, \ldots, m-1$ において，$(\bigcup_{i=1}^{k-1} F_i) \cap F_k$ で導かれる部分複体が次元 $(\dim K - 1)$ において B-シェラブルであり，かつ $k = m$ のときは次元 $(\dim K - 1)$ の S-シェラブルであることである．定義から，1-多面体の境界複体は S-シェラブルであり，S-シェラブルである 0-複体はこれに限られる．

B-シェラビリティ (B-shellability) と S-シェラビリティ (S-shellability) の概念は，球と球面に関する位相的概念から生まれたものである．一方で，B-シェラブル（S-シェラブル）である複体は必ずしも球（球面）ではないことに注意しよう．たとえば，共通の 1 点を持つ 3 つの 1-多面体からなる複体は B-シェラブルであるが，球に同相ではない．さらなる条件を B-シェラビリティ（S-シェラビリティ）に加えることで，複体を位相的に球（球面）にすることができる．次は，定理 5.1 を組合せ的にしたものである．

定理 5.2　多面体の境界複体 $\partial K(P)$ は S-シェラブルである．

証明に入る前に，この定理の有用性を見よう．複体 K のオイラー標数を

$$\chi(K) = \sum_{i=0}^{\dim K} (-1)^i f_i(K) \tag{5.1}$$

と定義する．ここで，$f_i(K)$ は K の i-次元要素の数である．複体の任意の 2 つの部分複体 A と B において，

$$\chi(A \cup B) + \chi(A \cap B) = \chi(A) + \chi(B) \tag{5.2}$$

が成立することはすぐにわかる.

定理 5.3 (Euler の関係) 純な複体 K において以下が成り立つ.

(a) K が B-シェラブルであるとき, $\chi(K) = 1$ である.

(b) K が S-シェラブルであるとき, $\chi(K) = 1 + (-1)^{\dim K}$ である.

証明 $\dim K = 0$ のとき, 両命題の成立は明らかである. $\dim K < d\ (\geq 1)$ のときに両命題が成立すると仮定して, 帰納法により証明する. まず, B-シェラブルである d-複体 K を考える. K が B-シェラブルであるので, 各 $k = 2, 3, \ldots, m$ において, $(\bigcup_{i=1}^{k-1} F_i) \cap F_k$ で導かれる部分複体が B-シェラブルとなるように K の d-多面体を $F_1, F_2, \ldots, F_m$ の順に並べることができる. $m = 1$ のとき, $\chi(K) = \chi(\partial K) + (-1)^d$ である. ∂K は定理 5.2 から S-シェラブルであり, 次元は $d - 1$ に等しいので, 帰納法の仮定から,

$$\chi(K) = \chi(\partial K) + (-1)^d = 1 + (-1)^{d-1} + (-1)^d = 1$$

が導かれる.

次は, m に関する第 2 の帰納法を用いる. $f_d(K) < m$ のときに (a) が成り立つことを仮定し, $f_d(K) = m$ の場合を考える. $(\bigcup_{i=1}^{m-1} F_i)$ から導かれる部分複体 A は第 2 の帰納法から B-シェラブルであるので, A は (a) を満たす. F_m から導かれる部分複体を B と表す. 第 1 の帰納法と (5.2) から, $(\bigcup_{i=1}^{m-1} F_i) \cap F_m$ で導かれる部分複体 C は B-シェラブルな $(d-1)$-複体であるという事実を用いると,

$$\chi(K) = \chi(A) + \chi(B) - \chi(C) = 1 + 1 - 1 = 1$$

が得られる.

(b) に関する残りの証明は, (a) ですでに示した通りに進めばよい. K を S-シェラブルである d-複体とする. すると, 各 $k = 2, 3, \ldots, m-1\ (k = m)$ において, $(\bigcup_{i=1}^{k-1} F_i) \cap F_k$ で導かれる部分複体が B-シェラブル (S-シェラブル) となるように, K の d-多面体を $F_1, F_2, \ldots, F_m$ の順に並べることができる. $(\bigcup_{i=1}^{m-1} F_i)$ で導かれる部分複体 A は B-シェラブルであり, (a) を満たす. F_m から導かれ

る部分複体も B-シェラブルであり，(a) を満たす．$(\bigcup_{i=1}^{m-1} F_i) \cap F_m$ で導かれる部分複体 C は S-シェラブルである $(d-1)$-複体である．第 1 の帰納法と (5.2) から，

$$\chi(K) = \chi(A) + \chi(B) - \chi(C) = 1 + 1 - (1 - (-1)^{d-1}) = 1 + (-1)^d$$

が得られる． $\square$

　特に興味深いのは，多面体 P の見える半球と見えない半球における位相的性質である．$\mathbb{R}^d \setminus P$ 上の一般的な位置にある任意の点 z に対して，z から見える P のすべてのファセットの集合は z から見える半球であり，$\mathrm{vi}(P, z)$ と表す．同様に，z から見えない半球を定義し，$\mathrm{iv}(P, z)$ と表す．

定理 5.4　$d \geq 1$ のとき $\mathbb{R}^d$ 上の d-多面体を P とし，$\mathbb{R}^d \setminus P$ 上の一般的な位置にある任意の点を z とする．見える半球 $\mathrm{vi}(P, z)$ と見えない半球 $\mathrm{iv}(P, z)$ から導かれる $K(P)$ の 2 つの部分複体は B-シェラブルである．

証明　d に関する帰納法を用いる．帰納法の仮定から，$k \geq 2$ において $d < k$ であるとき，(∗)「見える半球 $\mathrm{vi}(P, z)$ と見えない半球 $\mathrm{iv}(P, z)$ は B-シェラブルである部分複体を導く」と仮定する．この命題 (∗) は $d = 1$ のとき明らかである．

　つぎに，$d = k$ のとき，命題 (∗) が正しいことを示そう．z を通過する一般的な位置にある方向付きの直線で，P の内部と交差するものを L とする．L と，ファセット $F_1, \ldots, F_m$ により張られる超平面との相異なる交点をそれぞれ z_1, $z_2, \ldots, z_m$ とする．一般性を失うことなく，この順序は L にそった宇宙旅行から得られるものである．

　まず，見える半球 $\mathrm{vi}(P, z)$ が B-シェラブルである部分複体を導くことを示す．点 z は，ある $i = 1, 2, \ldots, m-1$ において z_i と z_{i+1} の間にある．$i = 1$ のとき $\mathrm{vi}(P, z) = F_1$ であり，したがって $\mathrm{vi}(P, z)$ が B-シェラブルである部分複体を導くことは明らかである．i に関する帰納法を再び用いて，帰納法の仮定から，$h \geq 2$ において $i < h$ のときに $\mathrm{vi}(P, z)$ が B-シェラブルである部分複体を導くと仮定する．$i = h$ の場合を考える．帰納法の仮定から，$\mathrm{vi}(P, z_i)$ は B-シェラブルである部分複体を導くので，$\mathrm{vi}(P, z) = \mathrm{vi}(P, z_i) \cup F_i$ となる．$\mathrm{vi}(P, z_i) \cap F_i$ は F_i で張られた $(d-1)$-次元空間において z_i から見える半球 $\mathrm{vi}(F_i, z_i)$ であ

ることから，この集合は B-シェラブルである $(d-2)$-部分複体を導く．F_i は $(d-1)$-球であり，$\mathrm{vi}(P, z_i) \cap F_i$ は B-シェラブルである部分複体であることから，$\mathrm{vi}(P, z)$ は B-シェラブルである部分複体を導く．同じ議論により，見えない半球 $\mathrm{iv}(P, z)$ が B-シェラブルである部分複体を導くことを示せる．

これで二重の帰納法の証明を終了する． $\square$

定理 5.2 の証明　定義から，任意の 1-多面体の境界複体は S-シェラブルである．帰納法により，任意の次元 $k-1$ 以下の多面体の $\partial K(P)$ は S-シェラブルであると仮定する．任意の k-多面体 P を考え，P のファセットを F とする．F が P の唯一の見えるファセットとなる点を z とする．つまり，$\mathrm{iv}(P, z)$ は，F 以外の P のすべてのファセットから導かれる $\partial K(P)$ の部分複体となる．定理 5.4 より，$\mathrm{iv}(P, z)$ は B-シェラブルである．最後にファセット F をつけた $\mathrm{iv}(P, z)$ の任意のシェリングは $\partial K(P)$ のシェリングであることを述べる．そのためには，$\partial K(F)$ が S-シェラブルであることを示しさえすればよい．F の次元は $k-1$ であるので，これは帰納法の仮定から示される． $\square$

5.3　多くの線シェリング

多面体の境界におけるシェラビリティーの証明により，多面体の境界を貼り合わせる様々な方法が提供される．線の選択は次の 2 条件で制限されている．

(1) 線は多面体の内部と交差しなければならない，かつ

(2) 線はファセットにより張られる超平面と相異なる点で交差しなければならない．

命題 5.5　どの多面体の境界にも，以下のそれぞれの条件を満たすシェリング $F_1, F_2, \ldots, F_m$ が存在する．

(a) F_1 と F_m はともにあらかじめ決定してよい．

(b) ある点に隣接するすべてのファセットは，これら以外のファセットより前に配置される．

(c) ある点に隣接するすべてのファセットは，これら以外のファセットより後ろに配置される．

74   第 5 章　線シェリングと Euler の関係

5.4　演習問題

▶ **演習問題 5.1　シェリングの構成**　$P = \{x \in \mathbb{R} : Ax \leq b\}$ を有理数表示の内点 z $(Az < b)$ を含む有理多面体とする．$i = 1, \ldots, m$ において $F_i = \{x \in P : A_i x = b_i\}$ が P のファセットであると仮定する．A, b, z から得られる情報のみを用いて，$F_1, F_2, \ldots, F_m$ が P のシェリングとなるように不等式を再配置する方法を述べよ．

ヒント：原点を通る直線 $l(t) = t \times (\epsilon, \epsilon^2, \ldots, \epsilon^d)$ は十分小さい $\epsilon > 0$ に対して一般的位置にある．

第6章

McMullenの上限定理

6.1 巡回多面体と上限定理

$\mathbb{R}^d$ 上のモーメント曲線 (moment curve) とは関数 $m(t)$ による実数空間 $\mathbb{R}$ の像で,

$$m(t) := (t, t^2, t^3, \ldots, t^d)^T \tag{6.1}$$

と定義される. 関数 $m(\cdot)$ はモーメント曲線の媒介変数表現である.

巡回多面体 (cyclic polytope) とは, モーメント曲線上にある相異なる $n\ (>d)$ 個の点の凸包, つまり, $t_1 < t_2 < \cdots < t_n$ である $\mathrm{conv}(\{m(t_1), m(t_2), \ldots, m(t_n)\})$ である. モーメント曲線の基本的な性質を以下に述べる.

命題6.1 モーメント曲線 $m(t)$ 上にある任意の相異なる $(d+1)$ 個の点はアフィン独立である.

証明 $t_1 < t_2 < \cdots < t_{d+1}$ において $m(t_1), m(t_2), \ldots, m(t_{d+1})$ がアフィン従属であると仮定しよう. これらの点はある超平面上にあるので, すべての $m(t_i)$ で成立する線形方程式

$$a_0 + a_1 x_1 + a_2 x_2 \cdots + a_d x_d = 0$$

が存在する. したがって, 方程式

$$a_0 + a_1 t^1 + a_2 t^2 \cdots + a_d t^d = 0$$

は t の $(d+1)$ 個の相異なる値で成立する. これは代数学の基本定理に矛盾する.
□

76   第6章 McMullen の上限定理

ある d と n における巡回多面体を $c(d,n)$ と表し，その双対を $c^*(d,n)$ と表す．命題 6.1 から，巡回多面体 $c(d,n)$ は単体的多面体であり，その双対は単純多面体である．定数 d と n においてその組合せ構造は一意に定まる．

McMullen の上限定理 (McMullen's upper bound theorem) は，凸多面体理論の中で最も重要な定理の1つである．

定理 6.2 （McMullen の上限定理 [54] (1970)）

定数 d と n に対して，頂点数が n である d-多面体の j-面の最大数は，すべての $j = 0, 1, \ldots, d-1$ において巡回多面体 $c(d,n)$ で達成される．これは，固定された任意の d と n に対して，ファセット数 n である d-多面体の j-面の最大数は，すべての $j = 0, 1, \ldots, d-1$ において巡回多面体の双対 $c^*(d,n)$ で達成されることと等価である．

さらに，$j = 0, 1, \ldots, d-1$ において，$f_j(c(d,n))$ は明示的に表される．次の補題からこれらの式の半分が得られる．

補題 6.3   任意の $d \geq 0$ と $n \geq d+1$ において，以下が得られる．
(a) $0 \leq j \leq \lfloor \frac{d}{2} \rfloor$ のとき $f_{j-1}(c(d,n)) = \binom{n}{j}$.
(b) $\lceil \frac{d}{2} \rceil \leq k \leq d$ のとき $f_k(c^*(d,n)) = \binom{n}{d-k}$.

証明 双対性から2つの記述 (a) と (b) は等価である．(a) を証明しよう．

任意の $t_1 < t_2 < \cdots < t_n$ に対して巡回多面体 $P = \mathrm{conv}(\{m(t_1), m(t_2), \ldots, m(t_n)\})$ を考えてみよう．$0 \leq j \leq \lfloor \frac{d}{2} \rfloor$ として最初の j 点 $m(t_1), m(t_2), \ldots, m(t_j)$ をとり，

$$a_0 + a_1 x_1 + \cdots + a_d x_d = 0 \qquad (6.2)$$

により与えられる超平面 h を考える．ただし，係数 a_i は多項式

$$p(t) := a_0 + a_1 t + \cdots + a_d t^d \equiv \Pi_{i=1}^{j}(t - t_i)^2 \qquad (6.3)$$

の係数に一致するとする．仮定 $j \leq \lfloor \frac{d}{2} \rfloor$ から，多項式 $p(t)$ の次数は高々 d である．$i = 1, \ldots, j$ におけるすべての点 $m(t_i)$ は h に含まれ，$i = j+1, \ldots, n$ における残りの点 $m(t_i)$ は厳密な意味で超平面の正半空間 (positive side) に

ある，つまり，$\mathrm{conv}(\{m(t_1),\ldots,m(t_j)\})$ は P の面であるということである．任意の j 点に対して上述の議論ができるので，$\{m(t_1),m(t_2),\ldots,m(t_n)\}$ のどの j 点も $(j-1)$-面を決定する．$\qquad\qquad\qquad\qquad\qquad\qquad\qquad\square$

補題 6.3 から，巡回多面体に関する興味深い性質が得られる．$d \geq 4$ のとき，どの頂点のペアにも辺があることから，$\mathrm{c}(d,n)$ のグラフは $d \geq 4$ における完全グラフとなっている．ただし，これは 3 次元空間では起こらないことではあるので，直感的ではない．

補題 6.3 の証明から，$\mathrm{c}(d,n)$ のファセットを決定する方法にたどり着けそうである．$\{m(t_1),m(t_2),\ldots,m(t_n)\}$ のうち，どの d 点がファセットを構成するだろうか？ 任意の d-点の組 $\{m(t_{j_1}),m(t_{j_2}),\ldots,m(t_{j_d})\}$ はアフィン独立であるので，超平面を与える．ただ，この組がファセットを定義するか否かは，残りのすべての点がその超平面の片側にあるか否かと等価な問題である．この問題は，**Gale** の偶数性条件 (Gale's evenness condition) という組合せ的条件を用いれば極めて容易である．

▶ **課題 6.1** 演習問題 6.1 を考えよ．

補題 6.3 から，巡回多面体の f-ベクトルの半分が得られる．巡回多面体が単体的であることから，f-ベクトルに関する残りの情報も一意に決定される．

6.2 単純多面体と h-ベクトル

上限定理とよばれる定理 6.2 を示すため，双対となる記述を証明しよう．

> 定数 d と n において，ファセット数 n の d-多面体における j-面の最大数は，すべての $j = 0,1,\ldots,d-1$ において双対巡回多面体 (dual cyclic polytope) $\mathrm{c}^*(d,n)$ により達成される．

2 つの基本的なステップがある．**第 1 段階**は，与えられたファセット数において j-面の最大数を達成する多面体は，単純多面体のみを考えれば十分であることを示すことである．正確に述べると，以下のようになる．

定理 6.4　ファセット数が n である $\mathbb{R}^d$ 上の任意の d-多面体 P において，すべての $j = 0, 1, \ldots, d-1$ において $f_j(P) \leq f_j(P')$ であるファセット数 n の単純な d-多面体 P' が存在する．

証明　P を定義する各不等式を少し摂動させても j-面の数が減少しないことを議論すればよい．証明については読者にゆずる．定理 2.14 を用いて，不等式が多面体を大きくする方向に摂動されたときの面の変化を考察せよ．　　　□

　第 2 段階は，ファセット数 n の単純な d-多面体のうち，すべての $j = 0, 1, \ldots, d-1$ において双対巡回多面体が j-面の数の最大数を達成することを示すことである．

　本節の残りでは，

　(∗) ファセット数 n の単純な d-多面体のみを考える．

　ファセット数が n である $\mathbb{R}^d$ 上の単純な d-多面体の集合を $\square(d,n)$ と表す．

　任意の $P \in \square(d,n)$ において，線形計画問題：最大化 $c^T x$，制約条件 $x \in P$ を考えよう．P のどの辺も $c^T x = 0$ で与えられる超平面と平行ではなく，c が一般的な位置にあると仮定する．すると，P のどの辺も目的関数値を大きくする方向へと向き付けられ，結果としてグラフ $G(P)$ の LP 向き付け $\vec{G}(P)$ が定義される．特に，$\vec{G}(P)$ は，シンク (sink)（最大値）となる頂点が 1 つとソース (source)（最小値）となる頂点が 1 つある有向グラフである．

　ここで，各 $k = 0, 1, \ldots, d$ において，入次数 k の頂点数を $h_k(\vec{G}(P))$ と表す．$h_0(\vec{G}(P)) = h_d(\vec{G}(P)) = 1$ であることは明らかである．次の補題で述べる通り，この数は c に依存しないことから，$h_k(\vec{G}(P))$ でなく $h_k(P)$ と書く．

補題 6.5　任意の多面体 $P \in \square(d,n)$ と一般的な位置にある $c \in \mathbb{R}^d$ に対して，$h_k(\vec{G}(P))$ の値は P のみに依存し，c には依存しない．この値 $h_k(\vec{G}(P))$ を $h_k(P)$ と表す．

証明　P を多面体 $P \in \square(d,n)$ とし，一般的な位置に $c \in \mathbb{R}^d$ をとる．P の k-面 F と，F 上の唯一のシンクである頂点 v のペアを (F, v) と表す．このようなペア (F, v) の数が k-面の数 $f_k(P)$ に一致することは明らかである．

6.2 単純多面体と h-ベクトル　　79

P の頂点 v と k を固定しよう．ペア (F, v) の数は命題 4.10 から得られる．つまり，シンクである v に隣接するちょうど $\binom{r}{k}$ 個の k-面が存在する．ただし，r は $\vec{G}(P)$ における v の入次数とする．すべての頂点について調べると

$$\sum_{r=0}^{d} h_r(\vec{G}(P))\binom{r}{k} = f_k(P), \quad k = 0, 1, \ldots, d \tag{6.4}$$

が得られる．線形等式系は行列とベクトルを用いて

$$
\begin{bmatrix}
\binom{0}{0} & \binom{1}{0} & & & \cdots & \binom{d}{0} \\
0 & \binom{1}{1} & \binom{2}{1} & & \cdots & \binom{d}{1} \\
0 & 0 & \ddots & \cdots & & \vdots \\
0 & 0 & 0 & \binom{k}{k} & \cdots & \binom{d}{k} \\
0 & 0 & 0 & 0 & \ddots & \vdots \\
0 & 0 & 0 & 0 & 0\cdots & \binom{d}{d}
\end{bmatrix}
\begin{bmatrix}
h_0 \\ h_1 \\ \vdots \\ h_k \\ \vdots \\ h_d
\end{bmatrix}
=
\begin{bmatrix}
f_0 \\ f_1 \\ \vdots \\ f_k \\ \vdots \\ f_d
\end{bmatrix}
\tag{6.5}
$$

と書ける．左辺の行列は上三角でありかつ対角成分がすべて 1 であることから，正則であることは明らかである．つまり，h_j は f_j により一意に決定され，h_j は c と独立である．　　$\square$

h-ベクトル $h(P) := (h_0, h_1, \ldots, h_d)$ に関して，(6.5) を解く方法は複数存在する．f に関する h の方程式は

$$h_i(P) = \sum_{k=0}^{d} (-1)^{k-i}\binom{k}{i}f_k(P), \quad i = 0, 1, \ldots, d \tag{6.6}$$

となる．補題 6.3 と合わせると，双対巡回多面体の h-ベクトルの半分に関する式が得られる．

補題 6.6

$$h_i(c^*(d, n)) = \binom{n-i-1}{d-i}, \quad i = \lceil d/2 \rceil, \ldots, d \tag{6.7}$$

証明　(6.6) の $f_k(P)$ に補題 6.3 (b) の $f_k(c^*(d, n))$ に関する式を代入すればよい．

$\square$

80　第 6 章　McMullen の上限定理

h-ベクトルは対称である，つまり h_i の定義から

$$h_i(P) = h_{d-i}(P), \quad i = 0, 1, \ldots, \lfloor d/2 \rfloor \tag{6.8}$$

であるので，h-ベクトルの残りの部分はすぐにわかる．ここで，右辺は，ベクトル $-c$ により逆向きになる h-ベクトルを用いて左辺を計算する．これらの等式は，(6.6) を通じて f-ベクトルに関して表現され，**Dehn–Sommerville** の関係 (Dehn–Sommerville Relations) として知られる．

定理 6.7　（Dehn–Sommerville の関係）

単純な d-多面体 P は

$$\sum_{k=i}^{d} (-1)^k \binom{k}{i} f_k(P) = \sum_{k=d-i}^{d} (-1)^{k-d} \binom{k}{d-i} f_k(P), \quad i = 0, 1, \ldots, \lfloor d/2 \rfloor \tag{6.9}$$

を満たす．最初の 2 つの等式を書き下すと，

$$\sum_{k=0}^{d} (-1)^k f_k(P) = f_d(P) = 1 \quad (\text{Euler の関係}), \tag{6.10}$$

$$- f_1(P) + 2f_2(P) - 3f_3(P) + \cdots + (-1)^d d f_d(P) = -f_{d-1}(P) + d f_d(P) \tag{6.11}$$

となる．

式 (6.5) は，各 f_j が h_j の非負結合であることを示している．したがって，次の定理は上限定理を強くしたもので，h-ベクトルは双対巡回多面体のときに各項で最大化されると述べている．

定理 6.8　（強上限定理 (A Strengthened Upper Bound Theorem)）　ファセット数が n である単純な d-多面体 P において，以下の不等式が成立する．

$$h_i(P) \leq h_i(\mathrm{c}^*(d, n)), \quad i = 0, 1, \ldots, d. \tag{6.12}$$

証明　ファセット数が n である単純な d-多面体を P とする．示すべき不等式が $i = 0$ と $i = d$ のときに成立することは明らかである．h-ベクトルの対称性から，

$$h_i(P) \leq h_i(\mathrm{c}^*(d,n)) \equiv \binom{n-i-1}{d-i}, \quad i = \lceil d/2 \rceil, \ldots, d$$

を示せばよい. i が減少する方向に帰納法を用いる. $i = k + 1$ $(k < d)$ のときに定理が成り立つと仮定して, $i = k$ の場合を考える.

h-ベクトルに関する2つの不等式を示す. まず, P の任意のファセット F と i において,

$$h_i(F) \leq h_{i+1}(P) \tag{6.13}$$

となる. なぜなら, F のすべての頂点における値が P の他の頂点における値より大きくなる一般的な c をとれるからである, $h_i(F)$ と $h_{i+1}(P)$ の値は c の選択によらず不変である. 次に,

$$\sum_F h_i(F) = (i+1)h_{i+1}(P) + (d-i)h_i(P) \tag{6.14}$$

である. 左辺における和は P のすべてのファセット F 上で行う. ファセットにおける入次数が i であるファセットの各頂点の入次数は, P において i または $i + 1$ であることから, この式は正しいことがわかる. P における頂点の入次数が i であるとき, 同じ入次数の頂点を含むちょうど $d - i$ 個のファセットが存在する. P における頂点の入次数が $i + 1$ であるとき, 1だけ小さい入次数の頂点を含むちょうど $i + 1$ 個のファセットが存在する

ここで, $i = k$ における帰納法を見よう. (6.13) と (6.14) から,

$$(k+1)h_{k+1}(P) + (d-k)h_k(P) = \sum_F h_k(F) \leq nh_{k+1}(P) \tag{6.15}$$

が得られ, したがって

$$(d-k)h_k(P) \leq (n-k-1)h_{k+1}(P) \tag{6.16}$$

となり, つまり

$$h_k(P) \leq \frac{n-k-1}{d-k}h_{k+1}(P) \tag{6.17}$$

となる. ここで, $i = k + 1$ のときの帰納法の仮定を用いて,

$$h_k(P) \leq \frac{n-k-1}{d-k}h_{k+1}(P) \leq \frac{n-k-1}{d-k}\binom{n-k-2}{d-k-1} = \binom{n-k-1}{d-k} \tag{6.18}$$

が得られる. □

6.3 具体例：巡回多面体

(6.7) と (6.8) で示したように，巡回多面体の h-ベクトルは非常に単純である．一方で，その f-ベクトルはかなり複雑である．

系 6.9 （巡回多面体の面の数） $d \geq 2$ かつ $0 \leq k \leq d-1$ であるとき，

$$f_k(\mathrm{c}^*(d,n)) = \sum_{r=0}^{\lfloor d/2 \rfloor} \binom{n-d+r-1}{r}\binom{r}{k} + \sum_{r=\lfloor d/2 \rfloor+1}^{d} \binom{n-r-1}{d-r}\binom{r}{k} \tag{6.19}$$

であり，双対性から

$$f_k(\mathrm{c}(d,n)) = \sum_{r=0}^{\lfloor d/2 \rfloor} \binom{n-d+r-1}{r}\binom{r}{d-k-1} + \sum_{r=\lfloor d/2 \rfloor+1}^{d} \binom{n-r-1}{d-r}\binom{r}{d-k-1} \tag{6.20}$$

である．

ここで，$f_0(\mathrm{c}^*(d,n))$ に関する式を示す．極めて単純な式である．

定理 6.10 ファセット数が n である d-多面体がもちうる頂点数の最大値は双対巡回多面体において達成され，d を固定したときその数は

$$f_0(\mathrm{c}^*(d,n)) = \binom{n-\lceil d/2 \rceil}{\lfloor \frac{d}{2} \rfloor} + \binom{n-\lfloor d/2 \rfloor-1}{\lceil \frac{d}{2} \rceil-1}$$
$$= O(n^{\lfloor \frac{d}{2} \rfloor}) \tag{6.21}$$

と書ける．双対性から，この数は $f_{d-1}(\mathrm{c}(d,n))$ に一致する．

証明 読者にゆずる.

ヒント：以下の式を用いよ.

$$\binom{n}{0} + \binom{n+1}{1} + \cdots + \binom{n+s}{s} = \binom{n+s+1}{s}$$

□

たとえば,

P	f_0	f_1	f_2	f_3	f_4
$c(5,10)$	10	45	100	105	42
$c(5,20)$	20	190	580	680	272
$c(5,30)$	30	435	1460	1755	702

である. 上限定理の最初の証明は [54,55] にある. 前節で与えた証明は Kalai [43] によるもので，他の本 [57,75] でも採用されている.

6.4 演習問題

▶ **演習問題 6.1 巡回多面体** $\mathbb{R}^d$ 上のモーメント曲線を $m(t)$ とする. $t_1 < t_2 < \cdots < t_n$ である巡回多面体 $\mathrm{conv}(\{(m(t_1), m(t_2), \ldots, m(t_n)\})$ を考える. この巡回多面体のファセットを決定する d 頂点 $\{m(t_{j_1}), m(t_{j_2}), \ldots, m(t_{j_d})\}$ に関する必要十分条件を示せ.

ヒント：十分小さい $\epsilon > 0$ に対して，原点を通る直線 $l(t) = t \times (\epsilon, \epsilon^2, \ldots, \epsilon^d)$ は一般的な位置にある.

▶ **演習問題 6.2 立方体上の LP 向き付け**

1. d-立方体の h-ベクトルを d の関数として表せ.
2. 4-立方体から得られるグラフ $G(\text{4-cube})$ を描け. LP-向き付け (LP orientation) に従い，このグラフを有向グラフ $\overrightarrow{G}(\text{4-cube})$ へと拡張せよ. この向き付けが LP-実現可能 (LP-realizable) である理由を議論せよ. 対応する h-ベクトルが設問 1 と一致することを検証せよ.

第 7 章

多面体に関する基本計算

d 個の変数をもち，m 本の線形不等式からなる系

$$Ax \leq b \tag{7.1}$$

を考える．不等式 $A_i x \leq b_i$ をこの系から削除しても (7.1) の解集合が不変であるとき，その不等式は (7.1) において冗長 (redundant) であるという．等価な条件は，$A_i x > b_i$ およびすべての $j \neq i$ において $A_j x \leq b_j$ を満たす x が存在しないことである．

本章では，多面体計算に関する基本的な 2 つの問題を学ぶ．

問題 7.1 （単純な H-冗長性 (Single H-Redundancy)）
入力：有理数行列 $A \in \mathbb{Q}^{m \times d}$，有理数ベクトル $b \in \mathbb{Q}^m$，添字 $k \in [m] :=$
$\{1, \ldots, m\}$
出力：$A_k x \leq b_k$ が $Ax \leq b$ において冗長であるときはい，それ以外のときいいえ

問題 7.2 （H-冗長性除去 (H-Redundancy Removal)）
入力：有理数行列 $A \in \mathbb{Q}^{m \times d}$，有理数ベクトル $b \in \mathbb{Q}^m$
出力：冗長性のない $Ax \leq b$ と等価な部分系

2 つ目の問題は，各不等式について 1 つ目の問題を解くことで解ける．順々に処理する方が処理する不等式の順序を動的に選択するよりもうまくいくことは興味深い．

図 7.1 は H-冗長性問題を表している．青い領域は実行可能領域 $P = \{x :$

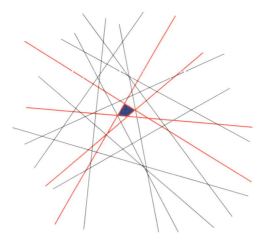

図 7.1 H-冗長性除去

$Ax \leq b\}$ である．計算の出力は，H-表現の中で不可欠である赤く示された不等式集合である．出力のサイズは入力のサイズより十分小さいことが多い．

V-多面体にも同様の問題が自然と現れる．これらの問題は H-冗長性問題に還元されることがわかる．H-冗長性問題が，H-錐の特別な場合における H-冗長性問題へと還元されることを見よう．これらの変形について 7.4 節で議論する．

H-冗長性除去について解く前に，関連する問題を見よう．

問題 7.3 （H-次元）
入力：有理数行列 $A \in \mathbb{Q}^{m \times d}$，有理数ベクトル $b \in \mathbb{Q}^m$
出力：多面体 $P = \{x : Ax \leq b\}$ の次元

7.3 節にあるように，この問題の典型的なアルゴリズムは，P の次元だけでなく，P の相対的内部 (relative interior) の点も計算する．多面体 P が全次元的になるよう，低次元空間にこの多面体を埋め込むことができる．

これらの問題は，V-表現と H-表現との変換や多面体の体積計算などの多面体計算における他の問題に比較すると容易である．実際，本章で議論する問題は，入力サイズに対して多項式時間で解ける．

本章の主な目的は，解かれるべき LP の数が固定されているとき，その LP の数またはその LP のサイズに関して，多項式時間である最良のアルゴリズムを示すことである．そこで，LP 計算量の概念を用いる．ここでは，計算量の尺度

86　　第 7 章　多面体に関する基本計算

を LP の数とそのサイズとする．同じサイズの線形等式系を解くように，LP を解くことが他の計算より支配的である場合は特に意味をなす．これは本章にあるすべての問題にあてはまる．

d 個の変数と m 本の線形不等式からなる LP：最大化 $c^T x$，制約条件 $Ax \le b$ を解くうえで要する時間を $\mathrm{LP}(d, m)$ と表す．ただし，A は $m \times d$ の有理数行列とする．$\mathrm{LP}(d, m)$ は，$O(md^3)$ または $O(e^{\sqrt{d \log m}})$ のように，ビッグオー O 表記 (big-oh O notation) により評価される上限時間である．入力の 2 進符号長 L を用いて LP 計算量を評価する通常の方法とは異なり，ここでは L を無視する．なぜなら，LP のアルゴリズムの実装はどれも L にはほぼ依存しておらず，d と m に大きく依存しているからである．興味深いのは，m が d より十分大きく，少なくとも $2d$ はある場合である．このような現状から，以下の仮定が導かれる．

仮定 7.4　$\mathrm{LP}(d, m)$ が以下の仮定を満たすとする．
  (a) 任意の定数 c_1 と c_2 において，$\mathrm{LP}(d, m) = \mathrm{LP}(d + c_1, m + c_2)$ である．
  (b) $\mathrm{LP}(d, m)$ は少なくとも md^2 オーダー，$\Omega(md^2)$ である．

第 1 の仮定は，LP が多項式時間で解けるという事実に基づいている．第 2 の仮定は，線形不等式系を解くことが（定数次第で）同じサイズの線形等式系を解くことと少なくとも同程度の難しさで，ガウス消去法の計算量が $\Omega(md^2)$ であるという事実に基づいている．本章を通じて第 2 の仮定を使用し，線形等式系を解く時間または $m \times d$ 行列のランクを計算する時間は，$\mathrm{LP}(d, m)$ に支配されることを議論する．

7.1　単純な H-冗長性検査

問題 7.1 は線形計画問題に線形的に還元できるという意味で [1] 等価であることを示す．単純な H-冗長性検査 (Single H-redundancy checking) が同じサイズの単純な LP で解けることは明らかである．

---
[1] 多項式還元より強力な線形還元であることに注意せよ．

命題7.5 問題7.1の答えが「いいえ」であることと, $I = [m]$ である以下の LP

$$\text{Test}(I, k): \qquad \begin{aligned} &\text{最大化} \quad A_k x \\ &\text{制 約} \quad A_i x \le b_i, \quad \forall i \in I \setminus \{k\} \\ &\qquad\qquad A_k x \le b_k + 1 \end{aligned} \qquad (7.2)$$

が最適解をもち, その最適値が b_k よりも真に大きいことは同値である.

この還元は多項式時間でありかつ線形でもある. 線形計画問題（線形実行可能性）から単純な H-冗長性への線形還元が存在する.

命題7.6 系 $Ax \le b$ に矛盾がないことと, 問題7.1の特別な場合である

$$\text{不等式 } x_0 \le 0 \text{ の } Ax \le b\, x_0,\, x_0 \le 0 \text{ における冗長性} \qquad (7.3)$$

がないことは同値である.

証明 $x_0 \le 0$ が冗長であると仮定する. これは, $Ax \le b\, x_0,\, x_0 > 0$ を満たす (x, x_0) が存在しないことと同値である. 逆にいうと, これは $Ax \le b$ の矛盾と同値である. $\qquad\qquad\qquad\square$

単純な H-冗長性検査と LP との線形等価性を示した. これは, 冗長性検査のアルゴリズムはどれも LP のアルゴリズムと少なくとも同等に強力であることを示唆している.

次節では, かなり冗長である系においてすべての H-冗長性を削除することは, $m \times \text{LP}(d, m)$ 時間を要するサイズ (d, m) の LP を m 個解くより容易であることを示す.

7.2 H-冗長性除去

多面体の H-表現からすべての冗長性を除去する問題7.2について議論する.

問題7.2の入力は, 内在する多面体 $P = \{x : Ax \le b\}$ が全次元的であり, 別の不等式の正数倍となる不等式が存在しないという意味で,「きれい (clean)」であると仮定する. この仮定は, 適切な部分空間にその多面体を埋め込むという

88   第 7 章 多面体に関する基本計算

前処理により成立する．これについては 7.3 節で議論する．

　7.1 節で見たように，$m \times \mathrm{LP}(d,m)$ 時間ですべての冗長性を除去することが
可能である．これを上回る手法があるだろうか？ Clarkson のアルゴリズム [17]
は，冗長性のない不等式の数 s が m に比べて小さいとき，この素朴なアルゴリ
ズムよりかなりはやいことが知られる．Clarkson のアルゴリズムをアルゴリズ
ム 7.1 に示そう．

アルゴリズム 7.1 Clarkson のアルゴリズム

---

    procedure Clarkson(A, b, z, I, k)
    begin
        test whether $A_k x \le b_k$ is redundant in $A_{I \cup \{k\}} x \le b_{I \cup \{k\}}$
        by solving the LP Test$(I \cup \{k\},\ k)$ with optimal solution x^*
        if nonredundant **then**
(c1)   return $(1, \mathrm{RayShoot}(A, b, z, x^* - z))$　// 冗長でないインデックスを返す
        else
(c2)   return $(0, k)$　　// 冗長なインデックスを返す
        endif
    end

　入力を $Ax \le b$ とする．点 $z \in \mathbb{Q}^d$ は $Az < b$ を満たすと仮定する．つまり，
z は実行可能領域 $P = \{x : Ax \le b\}$ の内部の点である．アルゴリズムのステッ
プで，各 $i \in I$ において不等式 $A_i x \le b_i$ が $Ax \le b$ に対して冗長でない行の添
字集合 I を見つける．検査前の行の添字を $j \in [m] \setminus I$ とする．Clarkson のア
ルゴリズムにより，k 番目の不等式が冗長であることを判断する，または冗長
でない $A_j x \le b_j$ の行の添字 $j \in [m] \setminus I$ を返す．

　$\mathrm{RayShoot}(A, b, z, r)$ は，z を始点とする r 方向の直線と交差するファセット
を定める超平面 $\{x : A_j x = b_j\}$ の添字 j を返す．十分小さい $\epsilon > 0$ に対して，
$z + (\epsilon, \epsilon^2, \dots, \epsilon^d)^T$ を始点とする直線を r 方向に解析することで簡単に実装で
きる．図 7.2 で，点線は緩和した不等式の超平面 $\{x : A_k x = b_k + 1\}$ を表して
いる．

▶ **課題 7.1**　上述の仕様を満たす $\mathrm{RayShoot}(A, b, z, r)$ を書け．C や C++ のよ
うな高水準言語で実装できるように明確に記すこと．

　すべての冗長性を除去するアルゴリズムを完全な形でアルゴリズム 7.2 に示

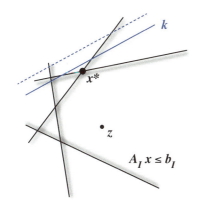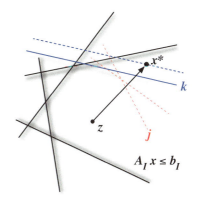

図 7.2 Clarkson のアルゴリズム：左（冗長な k），右（冗長でない j）

アルゴリズム 7.2 冗長性除去アルゴリズム

---
procedure RedundacyRemovalClarkson(A, b, z)
begin
 set $I := \emptyset$, $J := [m]$
 repeat
  select an index k from J
  $(\alpha, j) = $ Clarkson(A, b, z, I, k)
  if $\alpha = 1$ **then** $I := I \cup \{j\}$ //冗長でない集合 I を 1 つ
  $J := J \setminus \{j\}$
 until $J = \emptyset$
 return I
end

す．$P = \{x : Ax \leq b\}$ の内点 z が与えられていると仮定する．

定理 7.7 極小でかつ等価な $Ax \leq b$ の部分系を見つける Clarkson のアルゴリズムの計算量は $m \times \mathrm{LP}(d, s)$ である．ここで，s は $Ax \leq b$ における冗長でない制約の数である．

証明 Clarkson のアルゴリズムでは各ステップで冗長な不等式の行の添字である k か，$A_j x \leq b_j$ が冗長でない新しい行の添字 j を探す．LP には d 個の変数と高々 $s+1$ 本の制約があるので，計算量は以下のようになる．RayShoot の計算量は $O(m, d)$ であり，RayShoot の繰り返し回数は高々 s であるので，RayShoot に要する時間の合計 $O(smd)$ は $m \times \mathrm{LP}(d, s)$ を超えない． □

90　第 7 章　多面体に関する基本計算

Clarkson のアルゴリズムに関する計算実験の結果が `https://people.inf.ethz.ch/fukudak/ClarksonExp/ExperimentCube.html` にある．4 次元から 35 次元までの例で，Clarkson のアルゴリズムの優位性が実証されている．cddlib を使った実験は誰でも再現できるので試してみてほしい．実験データも上記のサイトからダウンロード可能である．

7.3　H-次元の計算

多面体の次元を知ることは重要である．多面体が V-多面体として表現されるとき，次元は簡単に計算できる．P が $d \times s$ 行列 V と $d \times t$ 行列 R を生成行列 (generator matrix) とする V-多面体であるとき，つまり，

$$P = \{x : x = V\lambda + R\mu,\ \mathbf{1}^T \lambda = 1,\ \lambda \geq \mathbf{0},\ \mu \geq \mathbf{0}\}$$

であるとき，P の次元は

$$\dim P = \mathrm{rank} \begin{bmatrix} V & R \\ \mathbf{1}^T & \mathbf{0}^T \end{bmatrix} - 1$$

と計算できる．一方で，H-多面体

$$P = \{x : Ax \leq b\}$$

の次元計算は自明ではない．これは，次元がわかっても P が空か否かを判定するだけだからである．これは線形実行可能性問題で，LP と等価である．次の問題は，次元を決定するために解く LP の数である．少なくとも 1 つあることは明らかである．高々 m 個の LP で十分であることの理解は難しくない．

本節では，高々 d 個の LP を解くことで次元を計算できることを示す．その副産物として，P の相対的内部にある点も得られる．

まず，P の内点を得ようとする．うまくいけば，次元はもちろん d である．次の LP から全次元性が検出されることは容易にわかる．

$$\begin{aligned} \text{最大化} \quad & x_0 \\ \text{制　約} \quad & Ax + \mathbf{1}x_0 \leq b \\ & x_0 \leq 1. \end{aligned} \tag{7.4}$$

LP の出力次第で 3 つの場合がある. x^* を最適解とし, x_0^* をその最適値とする.

場合 1：$x_0^* > 0$　　最適解 x^* は内点であり, $\dim P = d$ である.

場合 2：$x_0^* < 0$　　多面体 P は空であり, $\dim P = -1$ である.

場合 3：$x_0^* = 0$　　多面体 P は全次元でもなく空でもない.

場合 3 はさらに計算が必要である. 双対 LP の双対最適解 (s^*, t^*) を使えばよい.

$$
\begin{aligned}
\text{最小化} \quad & b^T s + t \\
\text{制　約} \quad & A^T s \quad\;\; = \mathbf{0} \\
& \mathbf{1}^T s + t = 1 \\
& s \geq \mathbf{0},\; t \geq 0.
\end{aligned}
\tag{7.5}
$$

強双対性から双対最適値はゼロである. したがって, s^* は完全にゼロにならない. $I = \{i : s_i^* > 0\}$ とする. 相補スラック性から, $x_0 = 0$ である任意の実行可能解 (x, x_0) に対して（つまり, $Ax \leq b$ である任意の解 x に対して）$A_I x \leq b_I$ のどの不等式においても等式が実現される. ガウスの消去法から, $A_I x = b_I$ があれば $Ax \leq b$ の中で等式になる不等式がわかる. I とこれらの等式の添字を合わせて $\hat{I}$ とする. 残りの系において明示されていない等式を見つける別の LP を解く準備ができた. $C := \hat{I}$ および $D := [m] \setminus C$ として, LP を用意する.

$$
\begin{aligned}
\text{最大化} \quad & x_0 \\
\text{制　約} \quad & A_C x \quad\quad\;\; = b_C \\
& A_D x + \mathbf{1} x_0 \leq b_D \\
& x_0 \leq 1.
\end{aligned}
\tag{7.6}
$$

最適解 (x', x_0') において, x_0' は負になりえないことから残り 2 つの場合を考える. $x_0^* > 0$ のとき, 解 x^* は相対的内点であり, P の次元については d から $A_I x = b_I$ における独立な不等式の最大数を引いたものと計算できる. $x_0^* = 0$ のときは, 最初のステップと本質的に同じことをする. つまり, 双対最適解を使って, $A_D x \leq b_D$ において明示されていない等式を見つければよい. 次に, これらの等式を独立でない等式を用いて拡張する. 別の LP は拡張された C と, これと相補の関係にある D で解かれる. LP が解かれるたびに, 少なくとも 1 つの独立な等式が得られる. したがって, 相対的内点が見つかるまでに, 高々

92   第 7 章 多面体に関する基本計算

d 個の LP が解かれることがわかる．したがって，次の定理が得られる．

定理 7.8   問題 7.3 は $d \times \mathrm{LP}(d, m)$ 時間で解ける．

▶ **課題 7.2   多面体の埋め込み** $P = \{Ax \leq b\}$ の相対的内部にある点 z に対して，P が全次元となるように低次元空間に埋め込む方法を述べよ．

7.4 非斉次から斉次への還元

系 $Ax \leq b$ の斉次化 (homogenization) を，追加された 1 つの非負変数 x_0 のある新しい系

$$Ax \leq b\,x_0, \quad x_0 \geq 0 \tag{7.7}$$

として定義する．

命題 7.9 $Ax \leq b$ を矛盾のない系とする．不等式 $A_i x \leq b_i$ がこの系で冗長であることと，不等式 $A_i x \leq b_i x_0$ がその斉次系で冗長であることは同値である．

▶ **課題 7.3**   演習問題 7.3 を考えよ．

錐における H-冗長性除去から，多面集合に関するより一般的な問題が解かれることを上で示した．次に V-多面集合の場合を考えてみよう．V-多面集合における冗長性除去は V-錐における冗長性除去へと多項式時間還元できるだろうか？ $V \in \mathbb{Q}^{d \times s}$ および $R \in \mathbb{Q}^{d \times t}$ のとき，生成元ペア (V, R) の V-多面集合

$$P_V(V, R) := \{x : x = V\lambda + R\mu, \ \mathbf{1}^T \lambda = 1, \ \lambda \geq \mathbf{0}, \ \mu \geq \mathbf{0}\}$$

を考える．V の第 j 列を v_j，R の第 k 列を r_k とする．V から v_j を除去（R から r_k を除去）しても多面体に変化がおきないとき，生成元 v_j (r_k) は $P_V(V, R)$ において冗長 (redundant) であるという．

命題 7.10 $V \in \mathbb{Q}^{d \times s}$ および $R \in \mathbb{Q}^{d \times t}$ において，生成元 v_j (r_k) が $P_V(V, R)$ において冗長であることと，それぞれの生成元 $\begin{bmatrix} v_j \\ 1 \end{bmatrix}$ $\left(\begin{bmatrix} r_j \\ 0 \end{bmatrix} \right)$ が斉次化された

$$C_V(\hat{R}) := \{x : x = \hat{R}\mu, \ \mu \geq \mathbf{0}\}, \quad \hat{R} = \begin{bmatrix} V & R \\ \mathbf{1}^T & \mathbf{0}^T \end{bmatrix}$$

において冗長であることは同値である.

証明 容易であるので，読者にゆずる. $\square$

錐における H-冗長性除去と V-冗長性除去は，多面体における除去と同程度に強力であるとわかる．最後に，H-冗長性除去および V-冗長性除去における双対性を考える．これは，一方の問題を解くアルゴリズムがもう一方の問題を解決することを示唆している.

命題 7.11 $A \in \mathbb{Q}^{m \times d}$ において，各不等式 $A_i x \leq 0$ が $Ax \leq \mathbf{0}$ において冗長であることと，対応する生成元 A_i^T が $C_V(A^T)$ において冗長であることは同値である.

証明 $A_i x \leq 0$ が $Ax \leq \mathbf{0}$ において冗長であるとする．したがって，$A_i x > 0$ およびすべての $j \neq i$ において $A_j x \leq 0$ を満たす x は存在しない．Farkas の補題（演習問題 2.2）から，これは $A_i^T = \sum_{j \neq i} A_j^T \mu_j$ を満たす $\mu \geq \mathbf{0}$ の存在と等価である．つまり，A_i^T が $C_V(A^T)$ において冗長であることと等価である. $\square$

▶ **課題 7.4 次元性および線形性** $C_H(A) := \{Ax \leq 0\}$ の相対的内部にある点 z に対して，$C_V(A^T)$ の線形性空間における基底を見つける方法を説明せよ.

7.5 具体例：マッチング多面体

グラフ $G = (V, E)$ のマッチング (matching) とは，各頂点が M の高々 1 つと共通部分をもつ辺の部分集合 $M \subseteq E$ である．各頂点がマッチング M のちょうど 1 つと共通部分をもつとき，M は完全 (perfect) である.

完全マッチングに関連する 2 つの列挙問題に数え上げ問題 (counting problem) とリスト問題 (listing problem) がある．数え上げ問題とは完全マッチングの数 $\#_{\mathrm{MA}}(G)$ を数える問題であり，リスト問題 $\lambda_{\mathrm{MA}}(G)$ とは G のすべての完全マッチング (perfect matching) をリストする問題である（表 7.1）．数え上げ問題は

94   第 7 章　多面体に関する基本計算

表 7.1　リストと数え上げ

入力 G	リスト $\lambda_{\mathrm{MA}}(G)$	数え上げ $\#_{\mathrm{MA}}(G)$
2 部グラフ		3
一般のグラフ		5

2 部グラフ (bipartite graph) の場合ですら #P-完全であることが知られている.
リスト問題には多項式時間アルゴリズムが存在する.

　E の各部分集合 S は，下で定義する**接続ベクトル** (incidence vector) $\chi^S \in \{0,1\}^E$ により表現できる.

$$\chi^S_e = \begin{cases} 1 & e \in S \text{ のとき} \\ 0 & \text{それ以外のとき} \end{cases}$$

マッチング M をその接続ベクトル χ^M と同一視することが多い.

　（**完全**）**マッチング多面体** ((perfect) matching polytope) $P_{\mathrm{MA}}(G)$ とは，完全マッチングの接続ベクトルの凸包

$$P_{\mathrm{MA}}(G) = \mathrm{conv}(\{\chi^M : M \text{ は } G \text{ の完全マッチングである }\})$$

として定義される．定義から $P_{\mathrm{MA}}(G)$ は 0/1-多面体である．この多面体は広く研究されており，組合せ最適化という分野の発展において大きな貢献を果たしてきた．Edmonds [23]，Schrijver [66, Section 8.10]，Lovász-Plummer [50] を参照されたい．

完全マッチング多面体に関する重要な結果のうち，マッチング多面体の単純な H-表現に関連する 2 つの結果を紹介する．2 部グラフの場合と一般の非 2 部 (nonbipartite) グラフの場合についてである．

2 部グラフの場合

G が 2 部グラフであるとき，非常に単純な H-表現がある．これは，Birkhoff (1946), von Neumann (1953) による二重確率行列 (doubly stochastic matrix) に関する結果 [66] そのものである．G において頂点 v に接続する辺集合を $\delta(v)$ と表す．

(a) 2 部グラフ $G = (V_1, V_2, E)$ の完全マッチング多面体 (perfect matching polytope) は

$$P_{\mathrm{MA}}(G) = \{x \in \mathbb{R}^E : x_e \geq 0 \ (\forall e \in E), \ \sum_{e \in \delta(v)} x_e = 1 \ (\forall v \in V)\}$$

である．

H-表現のサイズは小さく，グラフのサイズに関して多項式サイズである．この定理 (a) と，2 部グラフマッチングの数え上げ問題の #P-完全性から，H-多面体の頂点の数え上げ問題が #P-困難であることが示唆される．これは，Linial [49] が異なる還元を通じて最初に示した事実である．

H-表現の不等式が完全マッチング多面体における妥当不等式であることはすぐにわかる．x_e の非負性は，任意の完全マッチングの接続ベクトルにおいて満たされる．等式 $\sum_{e \in \delta(v)} x_e = 1$ は，特定の頂点 v に接続する辺 e の重み x_e の和がちょうど 1 であることを述べている．これは，任意の完全マッチングの接続ベクトルで成立する．(a) の右辺を $Q(G)$ と表すと，包含関係 $P_{\mathrm{MA}}(G) \subseteq Q(G)$ が得られる．(a) の難しい部分は，もう一方の包含関係である．

(b) $Q(G)$ の各頂点は完全マッチングの凸結合である．

これは難しい結果を使わずに証明できる．$Q(G)$ における任意の分数の点 x において，x とは異なる $Q(G)$ の 2 点 x' と x'' で $x = (x' + x'')/2$ を満たすものがある．x' と x'' は必ずしも整数である必要はない．（ヒント：分数重み x_e をもつ辺 e の集合は，必ず G 上のサイクルを含む．）

一般のグラフの場合

$G = (V, E)$ を 2 部グラフとは限らない一般のグラフとする．2 部グラフのマッチング多面体を表す**分数マッチング多面体** (fractional matching polytope)

$$P_{\text{FMA}}(G) := \{x \in \mathbb{R}^E : x_e \geq 0 \ (\forall e \in E), \sum_{e \in \delta(v)} x_e = 1 \ (\forall v \in V)\}$$

は一般にマッチング多面体 $P_{\text{MA}}(G)$ を表すのだろうか？　必ずしもそうでないことはすぐにわかる．たとえば，G が図 7.3 に示す三角グラフ (triangle graph) であるとき，分数マッチング多面体は 1 点 $(1/2, 1/2, 1/2)$ で構成される一方で，マッチング多面体は空集合である．

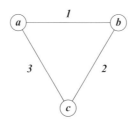

図 7.3　三角グラフ

奇数の要素数 $|S| = 2k + 1$ である任意の部分集合 $S \subseteq V$ において，**誘導部分グラフ** (induced subgraph) $G(S) = (S, E(S))$ が任意のマッチングから高々 k 本の辺を含むことはすぐにわかる．$E(S)$ は，端点が S に含まれる G の辺部分集合である．たとえば，三角形を構成する任意の誘導部分グラフは完全マッチングの高々 1 本の辺を含む．Edmond のマッチング定理 (Edmonds' matching theorem) は，これらの不等式がマッチング多面体の決定に十分であると述べている．

(c) $P_{\mathrm{MA}}(G) = \{x \in \mathbb{R}^E : x_e \geq 0 \ (\forall e \in E), \sum_{e \in \delta(v)} x_e = 1 \ (\forall v \in V),$
$\sum_{e \subset E(S)} x_e \leq k \ (\forall S \subseteq V : |S| = 2k+1)\}.$

奇数の要素数である集合 S に関する不等式を**花不等式** (blossom inequality) という．非常に多くの不等式が存在するため，冗長な不等式がいくつかは明らかではない．

多面体プログラムによる計算結果

図 7.4 の 2 部グラフではないグラフにおいて，分数マッチング多面体 $P_{\mathrm{FMA}}(G)$ を考える．

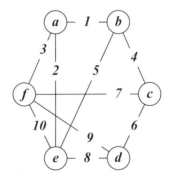

図 7.4　2 部グラフではないグラフ

多面体は 2 種類の不等式で与えられる．非負性に関する不等式 $x_e \geq 0$ ($\forall e = 1, 2, \ldots, 10$) と，$\sum_{e \in \delta(v)} x_e = 1 \ (v \in V)$ である．たとえば，頂点 $a \in V$ の場合，この等式は

$$x_1 + x_2 + x_3 = 1$$

であり，この種の 6 つの等式がある．新しい多面体形式では以下のように書ける．

```
H-representation
linearity 6   1 2 3 4 5 6
begin
   16   11   integer
 1 -1 -1 -1  0  0  0  0  0  0  0
 1 -1  0  0 -1 -1  0  0  0  0  0
```

98 第 7 章 多面体に関する基本計算

```
1  0  0  0 -1  0 -1 -1  0  0  0
1  0  0  0  0  0 -1  0 -1 -1  0
1  0 -1  0  0 -1  0  0 -1  0 -1
1  0  0 -1  0  0  0 -1  0 -1 -1
0  1  0  0  0  0  0  0  0  0  0
0  0  1  0  0  0  0  0  0  0  0
0  0  0  1  0  0  0  0  0  0  0
0  0  0  0  1  0  0  0  0  0  0
0  0  0  0  0  1  0  0  0  0  0
0  0  0  0  0  0  1  0  0  0  0
0  0  0  0  0  0  0  1  0  0  0
0  0  0  0  0  0  0  0  1  0  0
0  0  0  0  0  0  0  0  0  1  0
0  0  0  0  0  0  0  0  0  0  1
end
```

　多面体形式のオプションである linearity は H-表現の等式集合を詳細に記述する．全 16 行のうち 1 行目から 6 行目までの連続する行が 6 つの等式を表し，残りの行は不等式である．

　この linearity オプションは cddlib と lrslib の最近のバージョンのみで扱える．古いバージョンでは，不等式のペアで等式を記述しなくてはならない．実行可能な scdd_gmp（厳密な GMP 計算におけるシンプルな cdd，Version 0.94m 以降）[27] は上記のファイルを入力として受け取り，多面体の V-表現を出力する．

```
V-representation
begin
 6 11 rational
 1 0 0 1 0 1 1 0 0 0 0
 1 0 0 1 1 0 0 0 1 0 0
 1 1/2 1/2 0 0 1/2 1/2 1/2 0 1/2 0
 1 0 1 0 1 0 0 0 0 1 0
 1 1 0 0 0 0 0 1 1 0 0
 1 1 0 0 0 0 1 0 0 0 1
end
```

　Avis の lrs [3] は異なるアルゴリズムで同じ変換をする．ただし，lrs では独自の有理数計算ライブラリを用いている．（実行可能な glrs と）同様に GMP ライブラリで実行するようコンパイルできる．

7.6 演習問題

▶ **演習問題** 7.1 **半整数性 (Half Integrality)** 単純グラフ $G(V, E)$ がある. 完全マッチング問題の緩和問題は

$$
\begin{aligned}
\text{最大化} \quad & \sum_{e \in E} x_e \\
\text{制 約} \quad & \sum_{e \in \delta(v)} x_e = 1, \quad \forall v \in V \\
& x_e \geq 0, \quad \forall e \in E
\end{aligned}
$$

と書ける. 実行可能領域が**半整数** (half-integral) である, つまり, どの端点の座標も $\{0, \frac{1}{2}, 1\}$ であることを証明せよ.

▶ **演習問題** 7.2 **マッチング多面体の計算** 独立型プログラム scdd_gmp を搭載する C-library cddlib を下記からダウンロードし, インストールしよう.
http://www.inf.ethz.ch/personal/fukudak/cdd_home/index.html
1. 前節でとりあげた一般グラフの例でプログラムを実行せよ.
2. マッチング多面体を定義する花不等式を加えよ. どの花不等式が必要か?

▶ **演習問題** 7.3 **冗長な不等式** d 個の変数と m 本の線形不等式からなる系 $Ax \leq b$ を考える. 新たな変数 x_0 を加えた系 $Ax \leq bx_0, x_0 \geq 0$ を**斉次化**という.
1. $Ax \leq b$ は矛盾がない系であるとする. 不等式 $A_i x \leq b_i$ が $Ax \leq b$ において冗長であることと, 不等式 $A_i x \leq b_i x_0$ が斉次化不等式の中で冗長であることは同値であることを証明せよ.
2. $Ax \leq b$ に矛盾があると仮定して, 設問 1 の反例を見つけよ.

▶ **演習問題** 7.4 **冗長性** 命題 7.10 を証明せよ.

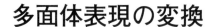

第 8 章

多面体表現の変換

　Minkowski–Weyl の定理として知られる定理 2.9 は，任意の凸多面体が H-表現と V-表現の 2 つで表現されると述べている．H-表現から（極小の）V-表現またはその逆を計算する問題を多面体の**表現変換問題** (representation conversion problem) という．

　表現変換問題の特徴は，入力のサイズに関する出力のサイズを容易に測れないことにある．たとえば，$2d$ 個のファセットと 2^d 個の頂点がある d-立方体において，HV 変換の場合は入力サイズに関して指数関数的なサイズの出力となる一方で，VH 変換の場合は入力サイズに関して非常に小さな出力となる．

　出力サイズの振れ幅を考えると，変換問題における理想的なアルゴリズムとは，与えられた入力サイズに対する最悪の出力サイズにおいて最適というより，出力サイズに敏感なものである．アルゴリズムの走査時間が入力サイズと出力サイズの多項式関数でおさえられるとき，そのアルゴリズムを**出力–多項式時間** (output-polynomial time) とよぶ．

　また，メモリの使用量を考慮する必要がある．大量のデータをメモリに記憶せねばならないアルゴリズムがある一方で，入力データ以外はほぼ記憶する必要がないアルゴリズムもある．アルゴリズムが使用するメモリ量が入力のみの多項式関数でおさえられるとき，アルゴリズムが**コンパクト**であるという．

　コンパクトでかつ出力–多項式時間であるアルゴリズムは理想的といえるだろう．しかし，表現変換問題を解く出力–多項式時間アルゴリズムの存在は知られていない．一方で，8.2 節にあるように，非退化という特別な場合においては，逆探索に基づくコンパクトかつ出力–多項式時間アルゴリズムがある．

8.1 インクリメンタルアルゴリズム

本節では，二重表現 (DD) 法 (double description (DD) method) [56] として知られる古典的な有限アルゴリズムを示す．これは Minkowski の定理の構成的な証明とも考えられており，Minkowski–Weyl の定理 2.10 における (a) $\Longrightarrow$ (b) 方向である．Bremner [11] はこのアルゴリズムが出力–多項式時間でないことを示したが，特に大きく退化している入力の表現返還問題には非常に強力である．

$m \times d$ 行列 A に対して，$C(A) = \{x : Ax \leq \mathbf{0}\}$ とする．任意のベクトル $r \in C(A)$ を $C(A)$ の半直線とよぶ．DD 法は，(A, R) が DD ペアとなる $d \times n$ 行列 R を構成するインクリメンタルアルゴリズムである．

K を A の行の添字集合 $\{1, 2, \ldots, m\}$ の部分集合として，K で定まる行からなる A の部分行列を A_K と表す．$C(A_K)$ に対する生成行列 R があると仮定する．これは，(A_K, R) が DD ペアであることと等価である．$A = A_K$ のときに終了する．それ以外のとき，K に含まれない任意の行の添字 i を選び，DD ペア (A_K, R) の情報を用いて DD ペア (A_{K+i}, R') の構成を試みる．ここで，$K+i$ は $K \cup \{i\}$ の略記とする．

この基本的な手続きを記述すれば，$C(A)$ に対する生成行列 R を構成するアルゴリズムとなる．この手続きは幾何的に解釈できるので，3 次元空間の単純な例を描くことをお勧めする．

新たに導入した不等式 $A_i\, x \geq 0$ は $\mathbb{R}^d$ 空間を 3 つに分割する．

$$
\begin{aligned}
H_i^+ &= \{x \in \mathbb{R}^d : A_i\, x > 0\}, \\
H_i^0 &= \{x \in \mathbb{R}^d : A_i\, x = 0\}, \\
H_i^- &= \{x \in \mathbb{R}^d : A_i\, x < 0\}.
\end{aligned}
\tag{8.1}
$$

J を R の列の添字集合とし，R の j 列目を r_j と表す．半直線 r_j $(j \in J)$ は 3 つに分割される．

$$
\begin{aligned}
J^+ &= \{j \in J : r_j \in H_i^+\}, \\
J^0 &= \{j \in J : r_j \in H_i^0\}, \\
J^- &= \{j \in J : r_j \in H_i^-\}.
\end{aligned}
\tag{8.2}
$$

J^+, J^0, J^- のインデックス付けされた半直線をそれぞれ i に関して正 (positive)，零 (zero)，負 (negative) であるとよぶ．R から行列 R' を構成するため，

正の半直線 r_j と負の半直線 $r_{j'}$ どうしで適当な正結合をとり，正の半直線をすべて捨て去ることにより，i 番目の超平面 H_i^0 上に新たな $|J^+| \times |J^-|$ の半直線を生成する.

次の補題により DD ペア (A_{K+i}, R') の存在が保証され，DD 法にとって重要な手続きが得られる.

補題 8.1 （二重表現法に関する主補題） (A_K, R) を DD ペアとし，K にはない A の行の添字を i とする. このとき，(A_{K+i}, R') は DD ペアである. ただし，R' は

$$J' = J \cup J^0 \cup (J^+ \times J^-),$$

$$各 (j, j') \in J^+ \times J^- において r_{jj'} = (A_i\, r_j)r_{j'} - (A_i\, r_{j'})r_j$$

により定義される列ベクトル r_j $(j \in J')$ からなる $d \times |J'|$ 行列である.

証明 $C = C(A_{K+i})$ とし，行列 R' により生成される錐を C' とする. $C = C'$ を証明する必要がある. すべての $(j, j') \in J^+ \times J^-$ において $r_{jj'} \in C$ となり，$C' \subset C$ は明らかである.

$x \in C$ とする. $x \in C'$ を示せば，$C \subseteq C'$ が得られる. $x \in C$ であるので，x は $j \in J$ における r_j の非負結合である. つまり，$j \in J$ において

$$x = \sum_{j \in J} \lambda_j r_j \tag{8.3}$$

を満たす $\lambda_j \geq 0$ が存在する.

上述の表現で，$j \in J^+$ において正の λ_j が存在しないとき，$x \in C'$ である. $\lambda_k > 0$ を満たす $k \in J^+$ が存在すると仮定する. $x \in C$ より，$A_i\, x \leq 0$ である. このことと (8.3) から，$\lambda_h > 0$ である $h \in J^-$ が少なくとも 1 つ存在することがわかる. ここで，先ほど定義した通り，$hk \in J'$ および

$$r_{hk} = (A_i\, r_h)r_k - (A_i\, r_k)r_h \tag{8.4}$$

である. (8.4) の正の積を (8.3) から減ずることにより，ベクトル r_j $(j \in J')$ の正結合として x の表現が得られる. ただし，$j \in J^+ \cup J^-$ を満たす正の λ_j の

数は最初の表現に比較して厳密に小さい. 正の λ_j である $j \in J^+$ が存在する限り, 同様の変形を適用できる. したがって, $j \in J^+$ である r_j を用いない x の表現は有限回のステップで見つかるはずである. したがって, $x \in C'$ が証明され, $C \subset C'$ が得られる. □

このアルゴリズムを用いて, Minkowski の定理を構成的に証明する.

定理 2.10 の証明 補題 8.1 から, ある K における初期値の DD ペア (A_K, R) が得られることを示せば十分である. $K = \emptyset$ かつ $C(A_K) = \mathbb{R}^d$ であるときは自明である. このとき, $2d$ 個からなるベクトル集合 $R = \{e_1, -e_1, e_2, -e_2, \ldots, e_d, -e_d\}$ を非負結合することで $\mathbb{R}^d$ 空間が生成される. (実際, $\mathbb{R}^d$ を正の方向に張る $d+1$ 個のベクトルが得られる. その方法は各自考えられたい) □

ここで, DD 法を手続きの形でアルゴリズム 8.1 に示す. ここで示した DD 法は非常に素朴な手法であり, J のサイズが急速に大きくなることから, このまま実装しても効率がよいとはいえない. 理由の 1 つは, (補題 8.1 で定義済みの) アルゴリズムで生成される多くの (おそらくはほとんどの) ベクトル $r_{jj'}$ が不要だからである. 冗長な生成元の生成を回避するため, 生成元の隣接関係を記憶かつ更新するように改良することで, 出力のサイズを大幅に減じることができる.

図 8.1 は, 二重表現アルゴリズムにおいて i 番目の不等式を加える一般的な

アルゴリズム 8.1 二重表現 (DD) 法

```
procedure DoubleDescriptionMethod(A);
begin
     初期値として任意の DD ペア (A_K, R) を得る
     while K ≠ {1, 2, ..., m} do
     begin
          {1, 2, ..., m} \ K から任意の添字 i を選ぶ
          (A_K, R) から DD ペア (A_{K+i}, R') を構成する
              /* 補題 8.1 を用いて*/
          R := R'    K := K + i;
     end
     R を出力する
end.
```

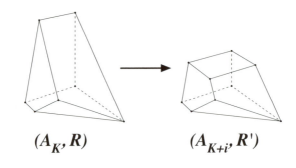

(A_K, R) (A_{K+i}, R')

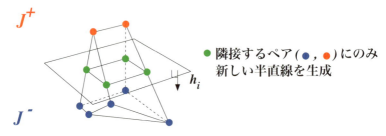

図 8.1 二重表現アルゴリズム

ステップを表している．この多面体は，各頂点が原点からの 1 次元高い半直線を記述するように，ある超平面で 4 次元尖状錐を切り落としたものとみなせる．

活性制約条件 (active constraint) の共通部分が生成元のすべてのペアの中で極大であるとき，その 2 つの生成元は**隣接する** (adjacent) という．つまり，隣接するペアをつなぐ線分が新しい超平面 $h_i = \{x : A_i x = 0\}$ と錐 $C(A_{K+i})$ の極小の面上の点で交差することを意味する．そのような点が任意の V-表現にあることはすぐにわかる．

冗長な生成元を生成しない理想的な形の二重表現アルゴリズムの分析は容易ではない．一番の問題は，中間的な錐の V-表現のサイズが予測できないことにある．このサイズもまた制約条件を入れる順番に大きく依存している．

挿入順序が異なる二重表現法には驚くべき性質がある．図 8.2 の入力はファセット数 32 の 15 次元多面体（の斉次化された錐）であり，出力は 368 頂点のリストである．重要なのは，この変換はかなり退化している (highly degenerate) ことである．つまり，出力の各頂点における活性不等式の数は，次元に比較してかなり大きくなることを意味する．

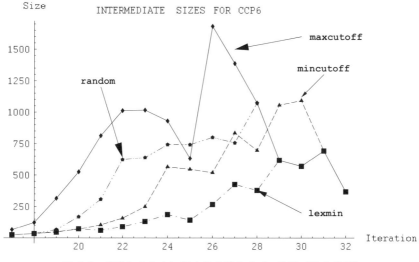

図 8.2 退化した入力に対する中間サイズの比較 (出典 [32])

5 種類の不等式の順序を考える．順序 lexmin は辞書式順序 (lexicographic ordering) で A の行を単にソートする．つまり，まず 1 つ目の要素を比較，タイの場合は 2 つ目の要素，3 つ目の要素と次々に比較する．順序 maxcutoff (mincutoff) は，各繰り返しにおいてサイズ $|J^+|$ を最大化（最小化）するよう次の不等式を選ぶという動的な順序である．順序 lexmin はシェリングの一種であり，すべての順序の中で最良の振る舞いをする．

入力がファセット数 2^{10} である 10 次元十字多面体において注目に値する比較ができる．出力は 20 頂点のリストである．順序 maxcutoff のときに最も高いピークとなり，続いて random と mincutoff が続く．順序 lexmin は最良であり，ピークのサイズが 30 未満である．図 8.3 のように lexmin のグラフはかなり低く，見えないほどになっている．

8.2 ピボットアルゴリズム

凸多面体のすべての頂点を系統的に訪れるピボットアルゴリズムをデザインする．アイデアは極めて単純である．凸多面体のグラフは連結であり，凸多面体が d-次元であるとき，Balinski の定理 [8] から d-連結である（図 8.4 参照）．したがって，新しい頂点が見つからなくなるまで，系統的にグラフを辿ればよい．

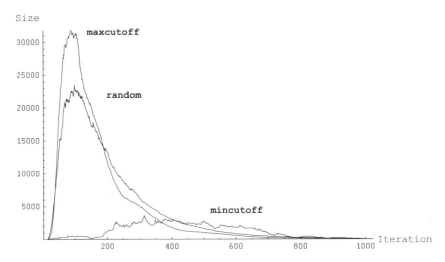

図 8.3 かなり退化した入力に対する中間サイズの比較（出典 [32]）

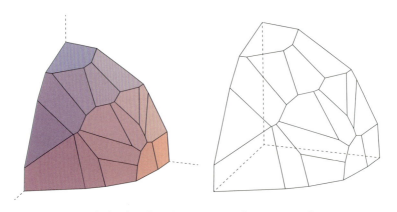

図 8.4 多面体 P とそのグラフ（1-スケルトン）

　Balinski [7], Murty [58], Dyer-Proll [21] らにより，これまで数多くのピボットアルゴリズムが提案されてきた．ピボットアルゴリズムの弱点は，多面体が退化しているとき，つまり単純でないとき，多面体のグラフを効率良くピボットで辿れない可能性があることである．退化の問題を解決する典型的な方法は，制約条件のうち，爆発的に大きな数の新しい端点を生成する可能性があるものを摂動することである．各頂点における活性不等式の数がちょうど d に等しいという非退化の仮定のもとでは，Dyer–Proll によるアルゴリズム [21] は出力–多項式時間アルゴリズムである．しかし，訪問したすべての頂点を記憶する必

要があり，コンパクトなアルゴリズムとはいえない．

本節では，非退化の場合について，Avis–Fukuda による逆探索法に基づいたコンパクトな出力–多項式時間アルゴリズムを示す．主なアイデアは，最適値を与える頂点から可能なすべての方向に単体法を逆に適用することである．最適値を与える頂点が一意に定まり，かつ目的関数と平行である多面体の辺は存在しないように，目的関数を一般的な位置にとる．

また，単体法は有限回収束であり，各頂点で一意に次のピボットを選択することを確かめることも重要である．たとえば，最小添字規則 (minimum index rule)（Bland の規則）で実現できる．これらのもとで，単体法により用いられる辺は，多面体 P のグラフ $G(P)$ 上で最適値を与える頂点を根とする有向全域木を構成する（図 8.5 参照）．入力である H-多面体が d 変数からなる m 本の不等式で与えられるとき，非退化のもとで，このアルゴリズムによりすべての f_0 頂点が $O(mdf_0)$ 時間および $O(md)$ 空間で列挙されることがわかる．したがって，このアルゴリズムはコンパクトであり，出力–多項式時間である．

正確に記述するため，2 つの関数を定義する．特別な点 $s \in V$ を有するグラ

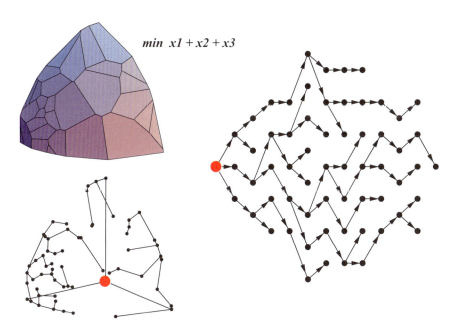

図 8.5 多面体のグラフ上で最適値を与える有向全域木

フ $G = (V, E)$ における**有限局所探索** (finite local search) f とは,

(L1) 各 $v \in V \setminus \{s\}$ において $\{v, f(v)\} \in E$

(L2) 各 $v \in V \setminus \{s\}$ において, $f^k(v) = s$ を満たす $k > 0$ が存在

を満たす関数 $V \setminus \{s\} \to V$ である. ここで, $P = \{x \in \mathbb{R}^d : A\,x \le b\}$ を単純多面体, $c^T x$ を一般的な位置にある線形目的関数とする. P の頂点集合を V, 一意に定まる最適な頂点を s, v が最適な頂点でないときにピボットを一意に定める単体法により選択された v に隣接する頂点を $f(v)$ とする.

グラフ $G = (V, E)$ における**隣接オラクル** (adjacency oracle) または単に**A-オラクル** (A-oracle) Adj とは,

(i) 頂点 v と $1 \le k \le \delta$ を満たす k において, オラクル $\mathrm{Adj}(v, k)$ は v に隣接する頂点または $null$ を返す

(ii) ある $v \in V$ と k, k' において, $\mathrm{Adj}(v, k) = \mathrm{Adj}(v, k') \ne 0$ であるとき $k = k'$ である

(iii) 各頂点 v において, $\{\mathrm{Adj}(v, k) : \mathrm{Adj}(v, k) \ne 0,\ 1 \le k \le \delta\}$ は v に隣接する頂点集合である

を満たす関数 (δ は G の最大次数の上界) である. ここで, $P = \{x \in \mathbb{R}^d : A\,x \le b\}$ が単純多面体であるとき, V を P のすべての頂点集合, δ を非基底変数の数, v で k 番目の非基底をピボットすることで得られる v に隣接する頂点を $\mathrm{Adj}(v, k)$ とする.

2 つの関数 f と Adj がある仮定のもと, 向き付けのないグラフ G のすべての頂点を生成する逆探索アルゴリズムをアルゴリズム 8.2 として記述する. 上述した逆探索の計算量は次のように評価できる. 関数 f と Adj を評価する時間をそれぞれ $t(f)$ と $t(\mathrm{Adj})$ と表す.

> **定理 8.2** 局所探索 (G, s, f) は A-オラクルで与えられると仮定する. このとき, ReverseSearch の時間計算量は $O(\delta\, t(\mathrm{Adj})|V| + t(f)|E|)$ である.

証明 時間計算量が (r1), (r2), (f1), (f2) の 4 行の実行に要する合計時間により決定されることはすぐにわかる. 第 1 行 (r1) は各頂点で高々 δ 回数実行されるので, (r1) に要する合計時間は $O(\delta\, t(\mathrm{Adj})|V|)$ となる. 行 (r2) は各頂点 v で次数 $deg(v)$ に等しい回数実行されるので, (r2) の全実行時間は $O(t(f)|E|)$ であ

アルゴリズム 8.2 Fukuda–Avis のアルゴリズム

```
       procedure ReverseSearch(Adj,δ,s,f);
           v := s; j := 0; (* j: 近傍次数 *)
           repeat
               while j < δ do
                   j := j + 1;
(r1)               next := Adj(v, j);
                   if next ≠ null then
(r2)                   if f(next) = v then  (* 逆探索 *)
                           v := next; j := 0
                       endif
                   endif
               endwhile;
               if v ≠ s then (* 前方探索 *)
(f1)               u := v;    v := f(v);
(f2)               j := 0;    repeat j := j + 1 until Adj(v, j) = u (* j の復元 *)
               endif
           until v = s and j = δ
```

る．第 3 行 (f1) は $V \setminus \{s\}$ の各頂点 v で実行されることから，(f1) の全実行時間は $O(t(f)(|V| - |S|))$ である．同様に，(f2) の全実行時間は $O(\delta\, t(\text{Adj})(|V|))$ である．$|V| \le |E|$ より，上述した 4 つの時間計算量を足し合わせると，目的の時間計算量が得られる． □

系 8.3 局所探索 (G, s, f) が A-オラクルで与えられると仮定する．このとき，逆探索の時間計算量は $O(\delta\ (t(\text{Adj}) + t(f))|V|)$ である．特に，δ, $t(f)$, $t(\text{Adj})$ が G の頂点数 $|V|$ に独立であるとき，時間計算量は出力サイズ $|V|$ に関して線形である．

証明 定理 8.2 から直ちに導かれ，時間計算量は $2|E| \le \delta|V|$ である． □

特別な構造を用いることで逆探索アルゴリズムの計算量を改善することができる．凸多面体の表現変換における逆探索について最もよく知られる計算量を示す．詳しくは [5] を参照せよ．

定理 8.4 退化のない H-多面体 $P = \{x : Ax \le b\}$ のすべての頂点を時間計算量 $O(mdf_0)$ および空間計算量 $O(md)$ で列挙する逆探索アルゴリズムを実装できる．特に，非退化な入力に対しては，コンパクトな出力–多項式時間アルゴリズムである．ただし，f_0 は P の頂点数とする．

文献 [6] にあるように，幾何学と組合せ論において逆探索は数多く実装されている．

最後に，逆探索と深さ優先探索との違いについて確認しよう．逆探索がメモリフリーな探索である一方で，深さ優先探索では，訪問済のノードかそうでないかを区別するために，これまでに訪れたすべてのノードを記憶する必要がある．つまり，逆探索は，局所探索関数 f により定義されたグラフに唯一存在する全域木に適用した深さ優先探索といえる．

8.3 ピボットアルゴリズム対インクリメンタルアルゴリズム

- ピボットアルゴリズム，特に逆探索アルゴリズム (lrs, lrslib [3]) は高次元の場合にうまくいく．
- インクリメンタルアルゴリズムは（12 までの）低次元の場合および退化が大きい場合にうまくいく．退化が大きな場合に対して cdd/cddlib [27] と porta [15] が，（10 までの）低次元の場合に対して qhull [9] が実装されている．
- 逆探索アルゴリズムは，大規模な並列化により非常に効率よく動作する唯一の方法と思われる．
- 表現変換アルゴリズムとその実装に関する比較は，Avis, Bremner, Seidel による文献 [4] に記されている．

8.4 具体例：双行列ゲーム

双行列ゲーム (bimatrix game) とは，非協力 2 人ゲーム (non-cooperative two person game) である．プレーヤー I とプレーヤー II の有限戦略集合 (finite sets of strategies) をそれぞれ M と N ($M \cap N = \emptyset$) とする．

ゲームは $\mathbb{R}^{M \times N}$ の 2 つの行列 A, B で与えられる．ここで，プレーヤー I が戦略 (strategy) $i \in M$ をとり，プレーヤー II が戦略 $j \in N$ をとるとき，a_{ij}

(b_{ij}) はそれぞれプレーヤー I (II) の利得 (payoff) を表す．利得はプレーヤーの利益 (profit) と損失 (loss) である．ここでは損得をまとめて利得と考える．ゲームが $A + B = 0$ であるとき，**ゼロ和** (zerosum) であるという．

有名な**囚人のジレンマ** (prisoner's dilemma) は，利得行列 (payoff matrix) が

$$A^1 = \begin{bmatrix} -6 & -1 \\ -10 & -2 \end{bmatrix}, \quad B^1 = \begin{bmatrix} -6 & -10 \\ -1 & -2 \end{bmatrix}$$

で，両プレーヤーが 2 つの戦略 $M = N = \{\text{confess}, \text{silent}\}$ をもつ双行列ゲームである．利得行列は刑務所にいる年数を負の数で表す．アメリカ法では，一方の囚人が告白しなかった場合，もう一方の囚人に有利な恩赦（判決）が与えられることから，囚人の決定がより複雑になる．

双行列ゲームの別の古典的な例は**男女の争い** (battle of sexes) である．男性と女性のカップルが夜にどこに行くか決めなければならない．選択肢はサッカーかバレエである，つまり $M = N = \{$ サッカー，バレエ $\}$ である．男性がサッカーを観に行きたいとしても，もし一人でサッカーを観に行くことになるならばバレエを観る方がよい．女性についても同様である．したがって，利得行列は以下のようになる．

$$A^2 = \begin{bmatrix} 2 & -1 \\ -3 & 1 \end{bmatrix}, \quad B^2 = \begin{bmatrix} 1 & -1 \\ -3 & 2 \end{bmatrix}$$

独立に決定しなければならない場合，それぞれにとって理性的な判断 (rational decision) とは一体何だろう？

上述した両ゲームは，次の意味（"ナッシュ (Nash) 均衡"）で安定している戦略のペアが存在する．たとえば，囚人のジレンマでは，両者が告白する場合，考えを変えさせる動機は誰にもない．一方が考えを変えない限り，もう一方はその判断を継続することが最適な判断である．男女の争いにおいて，両者がサッカーの試合を観に行くことにしたとき（または両者がバレエを観に行くことにしたとき），相手が意見を変えない限り，自分が意見を変えるのは得策ではない．

しかし，安定している「**純粋** (pure)」戦略のないゲームが存在する．その一例を示そう．

$$A^3 = \begin{bmatrix} 1 & -3 \\ -1 & -2 \end{bmatrix}, \quad B^3 = \begin{bmatrix} 1 & 3 \\ 2 & -4 \end{bmatrix}$$

112   第 8 章　多面体表現の変換

上述のゲームは 1 人目のプレーヤーをソフトウエア制作会社，2 人目のプレーヤーをユーザーとして解釈できる．ユーザーはソフトウエアライセンスを遵守するかまたは欺くことができる．つまり，$N = \{\text{comply}, \text{cheat}\}$ である．制作会社はソフトウエアの利用状況を高いコストで調査するか否かを選べる．つまり，$M = \{\text{not-inspect}, \text{inspect}\}$ である．

プレーヤー I にとっての混合戦略 (mixed strategy) とは，$x \geq 0$ かつ $\mathbf{1}^T x = 1$ を満たす確率決定ベクトル (probabilistic decision vector) $x \in \mathbb{R}^M$ である．プレーヤー II についても同様に定義する．プレーヤー I と II の混合戦略集合をそれぞれ X と Y とする．純粋戦略 (pure strategy) とは，1 つの非ゼロ要素 (0/1) のみからなる混合戦略である．

Nash は n 人の非ゼロ和ゲームに関する均衡の概念を導入し，Brouwer の不動点定理 (Brouwer's fixed point theorem) を用いてこの均衡の存在を示した．混合戦略のペア $(\overline{x}, \overline{y}) \in X \times Y$ が Nash 均衡 (Nash equilibrium) であるとは，

$$\overline{x}^T A \overline{y} \geq x^T A \overline{y}, \quad \forall x \in X, \tag{8.5}$$

$$\overline{x}^T B \overline{y} \geq \overline{x}^T B y, \quad \forall y \in Y \tag{8.6}$$

を満たすときである．つまり，Nash 均衡とは，一方のプレーヤーが戦略を変えない限り，もう一方のプレーヤーに戦略を変えさせない戦略のペアのことである．これで Nash 均衡の基本的な特徴を理解できるだろう．

命題 8.5　混合戦略のペア $(\overline{x}, \overline{y})$ が Nash 均衡であることと，任意の $r \in M$ と $s \in N$ において，

$$\overline{x}_r > 0 \rightarrow (A\overline{y})_r = \max_{i \in M}(A\overline{y})_i,$$

$$\overline{y}_s > 0 \rightarrow (\overline{x}^T B)_s = \max_{j \in N}(\overline{x}^T B)_j$$

であることは同値である．

$n = 2$ に特化された n 人ゲームに関する Nash の定理 [59] を述べる．

8.4 具体例：双行列ゲーム 113

定理 8.6 双行列ゲームに Nash 均衡が存在する.

3 つ目のゲームの場合, $(\overline{x},\overline{y}) = (((3/4,1/4)^T,(1/3,2/3)^T)$ が Nash 均衡であるとわかる. なぜなら, $A^3\overline{y}$ と $(\overline{x}^T B^3)$ が $A^3\overline{y} = (-5/3,-5/3)^T$ かつ $(\overline{x}^T B^3) = (5/4,5/4)$ であるからである. 命題 8.5 より, このペアが Nash 均衡となる.

Lemke–Howson [48] は Nash 均衡を計算するピボットアルゴリズムを提案した. von Stengel の文献 [72] にあるように, Nash 均衡の計算が多項式時間で可能か否かは未解決のままである. ゼロ和ゲームの特別な場合は, 線形計画問題に帰着されることから多項式時間で解ける. Savani と von Stengel [65] により, Lemke–Howson アルゴリズムが多項式時間アルゴリズムでないことが示されている.

非退化の双行列には Nash 均衡がいくつ存在するのだろうか？（たとえば A と B が完全に一致するときは, 無数に存在する. 非退化とは, 行列が十分に一般的であることを指す.）すべてを効率よく生成できるだろうか？ 1 つ目の問いについては [71] で研究されており, 双対巡回多面体 (dual cyclic polytope) を用いた構成により, 漸近的に $2.414^n/\sqrt{n}$ に近い数の均衡があるゲームが存在することがわかる.

ここで, 頂点列挙アルゴリズムを通じてすべての Nash 均衡を生成するうえで多面体計算が有益である話に戻ろう. 双行列ゲームには 2 つの多面体が登場する. A と B は（厳密な）正行列であると仮定する必要がある. Nash 均衡を変えずにこの点を満足するように（大きな正の要素を利得に加算して）ゲームを変換することは容易である.

$$P_1 = \{x \in \mathbb{R}^M : x \geq \mathbf{0}, B^T x \leq \mathbf{1}\},$$
$$P_2 = \{y \in \mathbb{R}^N : Ay \leq \mathbf{1}, y \geq \mathbf{0}\}.$$

命題 8.5 により, 両不等式系が非退化であるとき, 均衡は P_1 と P_2 の非ゼロの端点のペアと一対一対応であることが示される [72]. 双行列ゲーム理論には, Nash 均衡の効率の良い生成法など, 未解決問題が多数残されている.

▶ **課題 8.1** 以下のゲームにおいて端点の Nash 均衡のペアをすべて求めよ.

114　第 8 章　多面体表現の変換

$$A = \begin{bmatrix} 6 & 3 \\ 1 & 5 \end{bmatrix}, \quad B = \begin{bmatrix} 5 & 3 \\ 1 & 6 \end{bmatrix}.$$

次のゲームの場合はどうだろう？

$$A = \begin{bmatrix} 3 & 2 & 1 \\ 3 & 3 & 1 \\ 1 & 1 & 2 \\ 3 & 3 & 2 \\ 3 & 2 & 3 \end{bmatrix}, \quad B = \begin{bmatrix} 2 & 3 & 1 \\ 2 & 2 & 2 \\ 3 & 3 & 1 \\ 2 & 1 & 1 \\ 3 & 1 & 1 \end{bmatrix}.$$

より良い均衡は存在するだろうか？　純粋戦略かについてはどうだろう？

　答えについては https://cgi.csc.liv.ac.uk/~rahul/bimatrix_solver/ を参照されたい.

8.5　演習問題

▶ **演習問題 8.1　双行列ゲーム**　以下の行列で与えられる双行列ゲームを考える.

$$A = \begin{bmatrix} 6 & 3 \\ 1 & 5 \end{bmatrix}, \quad B = \begin{bmatrix} 5 & 1 \\ 3 & 6 \end{bmatrix}$$

1. 純粋戦略 Nash 均衡は存在するか？
2. 混合戦略 $((1/2, 1/2), (1/2, 1/2))$ は Nash 均衡か？
3. 関連する 2 つの多面体

$$P_1 = \{x \in \mathbb{R}^2 : x \geq \mathbf{0}, \ B^T x \leq \mathbf{1}\},$$
$$P_2 = \{y \in \mathbb{R}^2 : Ay \leq \mathbf{1}, \ y \geq \mathbf{0}\}$$

を描け. P_1 と P_2 のすべての非ゼロ端点を標準化せよ. 得られたベクトルをそれぞれ P_1' と P_2' と表す. P_1' と P_2' からそれぞれ選んでベクトルのペアを構成し, Nash 均衡をすべて列挙せよ.

4. https://cgi.csc.liv.ac.uk/~rahul/bimatrix_solver/ にあるプログラムを用いて,

$$A = \begin{bmatrix} 3 & 2 & 1 \\ 3 & 3 & 1 \\ 1 & 1 & 2 \\ 3 & 3 & 2 \\ 3 & 2 & 3 \end{bmatrix}, \quad B = \begin{bmatrix} 2 & 3 & 1 \\ 2 & 2 & 2 \\ 3 & 3 & 1 \\ 2 & 1 & 1 \\ 3 & 1 & 1 \end{bmatrix}$$

で与えられる双行列ゲームの Nash 均衡をすべて計算せよ.

第 9 章

超平面アレンジメントと点配置

これまで第 4, 5, 6 章において，凸多面体の組合せ構造を学んだ．本章では，多面体に加えて多面体的複体を導く超平面集合による全空間の分割を学ぶ．正式には超平面アレンジメントであり，その双対構造は点配置またはベクトル配置である．

9.1 ケーキカット

直線集合による平面分割を学ぶ直感的な手法は，ケーキカット (cake cutting) である．円いケーキ（2 次元円盤）をナイフで数回切る．真っ直ぐ m 回だけ切ったときに，1 つのケーキはいくつに分割されるだろうか？ 分割数は切れ目の交差のパターンに依存する（図 9.1 参照）．

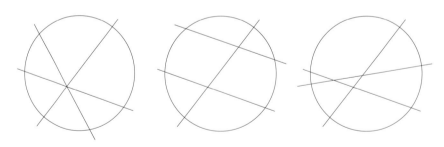

図 9.1 ケーキカット問題

2 次元ケーキの m 回のカットにより生成される分割の最大数を $p_2(m)$ と表す．$p_2(0) = 1, p_2(1) = 2$ であることは明らかである．m 回目のカットがこれまでの $m-1$ 回分のカットに対して（ケーキの内部の）相異なる点で交差するとき，m 個の追加分割が生成される（図 9.2 参照）．これが分割数の上限となる

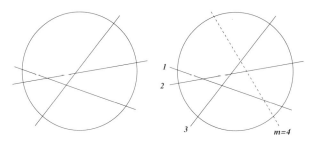

図 9.2 追加分割

ことは明らかである.

この上限が達成されるときを考えてみよう. 適切にカットすれば常にこの上限を得られる. m 回のカットで 2 次元ケーキを分割するとき, 任意の 2 つの相異なるカットはケーキの内部で交差し, どの 3 つの相異なるカットも共通部分を持たないとき, その分割は**非退化** (nondegenerate) であると定義する. 任意の m において非退化なカットが存在する. どの 2 つのカットも並行でなく, かつどの 3 つのカットも交差しないように m 個のカットを配置する. ケーキの内部で交差しない 2 つのカットがあるときは, カットの配置を変えることなく (中心が原点である) ケーキを拡張しよう. 十分大きく拡張すれば, 直線のすべての交差がケーキの内部に配置される. そこで, 全体を縮小して, ケーキを元のサイズにする. この流れは単純な再帰として書ける.

$$p_2(m) = p_2(m-1) + m \tag{9.1}$$

から

$$p_2(m) = p_2(0) + 1 + 2 + \cdots + m = 1 + \frac{(m+1)m}{2} \tag{9.2}$$

が導かれる.

次に, 1 つ次元を高くすると, ケーキは 3 次元球体のようになる. m 回のカットで最大数の分割を生成しよう. 図 9.3 にあるように, 「メロン」をナイフでどのように分割できるかを想像してみよう. (図では示していないが, カットは中心を通らない.)

3 次元の m 回のカットで生成される最大の分割数を $p_3(m)$ と表す. $p_3(m)$ の単純な再帰の式を書けるだろうか? 答えは「書ける」である. m 番目の分割がこれまでの $(m-1)$ 個の分割と異なる直線で交差するという条件のもとで, 3 次

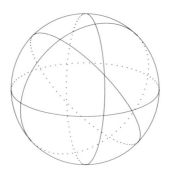

図 9.3 3次元ケーキカット問題

元ケーキにおける m 番目のカットで得られる切り口と $(m-1)$ ステップ目で切られる 2 次元ケーキとの関係が分かれば可能である．重要なのは，分割における 2 次元ピースの数が，m 番目のカットによるピースの増加数に一致することである．したがって，m 番目の分割が非退化であるとき，その増分は最大である．以上から，以下の再帰が得られる．

$$p_3(m) = p_3(m-1) + p_2(m-1) \tag{9.3}$$

$$= p_3(m-1) + 1 + \frac{m(m-1)}{2}$$

$$= p_3(0) + m + \sum_{i=1}^{m} \frac{i(i-1)}{2}$$

$$= 1 + m + \frac{1}{2}\left(\sum_{i=1}^{m} i^2 - \sum_{i=1}^{m} i\right)$$

$$= 1 + m + \frac{1}{6}(m+1)\left(m+\frac{1}{2}\right)m - \frac{1}{4}m(m+1) \tag{9.4}$$

（既知の公式より $\sum_{i=1}^{m} i^2 = \frac{1}{6}(m+1)(2m+1)m$）．

2 次元 (9.2) と 3 次元 (9.4) に関する 2 つの式から $p_d(m)$ に関する一般的な式を推測できるだろうか？ 推測は容易ではないが，2 つの等式を以下の形に書き換えると見えてくるだろう．

$$\begin{aligned} p_2(m) &= \binom{m}{0} + \binom{m}{1} + \binom{m}{2}, \\ p_3(m) &= \binom{m}{0} + \binom{m}{1} + \binom{m}{2} + \binom{m}{3}. \end{aligned} \tag{9.5}$$

▶ **課題 9.1** (9.5) が正しいことを示せ.

さて, 一般のケーキカット定理を証明しよう.

定理 9.1 d-次元球体を m 回カット (超平面) して得られる分割の最大数 $p_d(m)$ は

$$p_d(m) = \sum_{i=0}^{d} \binom{m}{i} \tag{9.6}$$

である.

証明 式の正しさを示すとともに, この値が任意の非退化なケーキカットにより達成されることを d に関する帰納法で証明する. ここで, m 回のカットによる d-球体 (ケーキ) の d-次元ケーキカットが非退化 (nondegenerate) であるとは, 任意の相異なる d 個のカットがケーキの内部で交差し, どの $(d+1)$ 個のカットも共通部分を持たないことである. $d=2$ のとき式は正しく, 任意の非退化なカットで満たされる. 式が小さい次元で成り立つと仮定して, 一般の d の場合を考えてみよう. まず最初に, $m=0$ のとき, 式 $p_d(m)$ は正しく 1 である. ここで, m に関する第 2 の帰納法を用いる. 小さい m で式の成立を仮定して, 一般の m の場合を考えてみよう. 再帰 (9.3) を拡張すると,

$$p_d(m) = p_d(m-1) + p_{d-1}(m-1) \tag{9.7}$$

が得られる. 帰納法の仮定からこの式を右辺に適用することができ,

$$p_d(m) = \binom{m-1}{0} + \binom{m-1}{1} + \cdots + \binom{m-1}{d} \\ + \binom{m-1}{0} + \cdots + \binom{m-1}{d-1}$$

が得られる. $\binom{m-1}{-1} = 0$ であるので, 上述した最後の等式から

$$p_d(m) = \sum_{k=0}^{d} \left(\binom{m-1}{k} + \binom{m-1}{k-1} \right) = \sum_{k=0}^{d} \binom{m}{k} \tag{9.8}$$

が導かれる. □

9.2 超平面アレンジメントとゾノトープ

ケーキカットを通じて，$\mathbb{R}^d$ における超平面アレンジメントという数学的概念を概説した．$\mathbb{R}^d$ における超平面の有限集合 $\mathcal{A} = \{h_i : i = 1, 2, \ldots, m\}$ を超平面アレンジメント (arrangement of hyperplanes) という（図 9.4 参照）．

以後，超平面アレンジメントにひそむ組合せ構造に焦点をあてる．$\mathbb{R}^d$ 空間の 3 つの集合への分割を定義すると都合がよい（図 9.5 参照）．

$$h_i^+ = \{x : A_i\,x > b_i\}, \tag{9.9}$$
$$h_i^0 = \{x : A_i\,x = b_i\}, \tag{9.10}$$

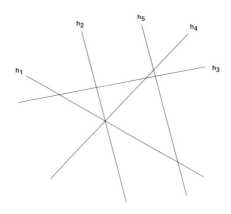

図 9.4 超平面アレンジメント

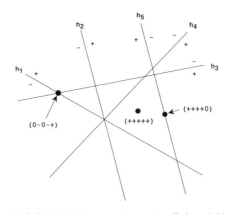

図 9.5 超平面アレンジメントの集合の分割

$$h_i^- = \{x : A_i\, x < b_i\}. \tag{9.11}$$

$\mathbb{R}^d$ 空間における点 x を，下に定める符号ベクトル (sign vector) $\sigma(x) \in \{-, 0, +\}^m$ で表す.

$$\sigma(x)_i = \begin{cases} + & \text{if } x \in h_i^+, \\ 0 & \text{if } x \in h_i^0, \qquad i = 1, 2, \ldots, m. \\ - & \text{if } x \in h_i^-, \end{cases}$$

与えられた符号ベクトルをもつ頂点集合は相対的に開いた (relatively open)[1] 多面体であり，これを超平面アレンジメントの開いた面 (open face) という. その位相的閉包が超平面アレンジメントの面 (face) である. 全次元面は，超平面アレンジメントのセル (cell) または領域 (region) とよばれる. すべての面集合は，超平面アレンジメントの複体 (complex of the arrangement) とよばれる多面体的複体を構成する. 複体における面の接続を符号ベクトルどうしの二項関係により表現できる. 2 つの符号ベクトル $X, Y \in \{-, 0, +\}^m$ において，$i \in [m]$ かつ $X_i \neq 0$ ならば $X_i = Y_i$ であるとき，$X \preccurlyeq Y$ と書いて $\boldsymbol{X}$ は $\boldsymbol{Y}$ にしたがう (X conforms to Y) という. この関係により順序付けられた半順序集合 $\sigma(\mathbb{R}^d) := \{\sigma(x) : x \in \mathbb{R}^d\}$ が，複体の組合せ的表現である. この半順序集合が超平面アレンジメント $\boldsymbol{\mathcal{A}}$ の面ポセット $\boldsymbol{\mathcal{F}(\mathcal{A})}$ (face poset $\mathcal{F}(\mathcal{A})$ of the arrangement $\mathcal{A}$) である.

すべての超平面が原点を含む半順序集合 $\mathcal{F}(\mathcal{A})$ は扱いやすい. すべての超平面が原点を含む超平面アレンジメントを中心的超平面アレンジメント (central arrangement of hyperplanes) という (図 9.6 参照). $\mathcal{F}(\mathcal{A})$ は唯一の最小要素であるゼロベクトル $\boldsymbol{0}$ を含み，原点に関して対称である. 符号ベクトル X が $\mathcal{F}(\mathcal{A})$ に含まれるとき，その負のベクトル $-X$ も $\mathcal{F}(\mathcal{A})$ に含まれる. 人工的な最大要素 $\boldsymbol{1}$ を $\mathcal{F}(\mathcal{A})$ に加えることにより，いわゆる中心的超平面アレンジメントの面束 $\hat{\mathcal{F}}(\mathcal{A})$ が得られる. この束は特殊な多面体の面束と同型である.

行列 A により実現される超平面 $h_i = \{x : A_i\, x = 0\}$ ($\forall i = 1, \ldots, m$) の中心的超平面アレンジメントを $\mathcal{A}$ とする. 幾何的には，中心的超平面アレンジメントで切られる $(d-1)$-単位球面 $S^{d-1} := \{x \in \mathbb{R}^d : ||x|| = 1\}$ の分割を見るとわ

---

[1] 厳密には相対位相の意味で開集合.

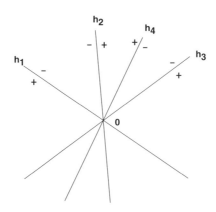

図 9.6 中心的超平面アレンジメント

かりやすい．このとき，各超平面は $(d-2)$-球面 $s_i := h_i \cap S^{d-1}$ である．したがって，この分割は単位球面 S^{d-1} 上の $(d-2)$-球面アレンジメントである．超平面アレンジメントの複体は $\sigma(\mathbb{R}^d) = \sigma(S^d) \cup \{\mathbf{0}\}$ として球面アレンジメントとして実現される（図 9.7 参照）．

2^m 本の不等式で与えられる H-多面体を考える．

$$P_A = \{x : y^T A x \leq 1, \ \forall y \in \{-1, +1\}^m\}$$

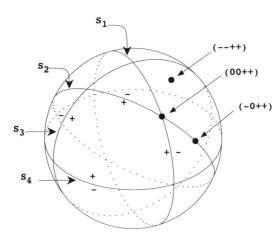

図 9.7 球面アレンジメント

定理 9.2 中心的超平面アレンジメント $\mathcal{A}$ を実現する列フルランク行列を A とするとき，P_A は多面体であり，$\mathcal{A}$ の面束 $\hat{\mathcal{F}}(\mathcal{A})$ は多面体 P_A の面束と同型である（図 9.8 参照）．

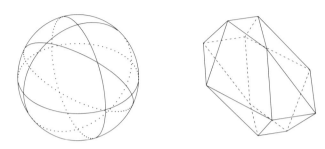

図 9.8 中心的超平面アレンジメント $\mathcal{A}$ と多面体 P_A

多面体 P_A の極多面体は特殊な多面体，ゾノトープである（図 9.9 参照）．

$$\begin{aligned}(P_A)^* &= \mathrm{conv}(\{y^T A \in \mathbb{R}^d : y \in \{-1, +1\}^m\}) \\ &= \{y^T A \in \mathbb{R}^d : y \in [-1, +1]^m\} \\ &= L_1 + L_2 + \cdots + L_m.\end{aligned}$$

各生成元 L_i は線分 $[-A_i, A_i]$ である．

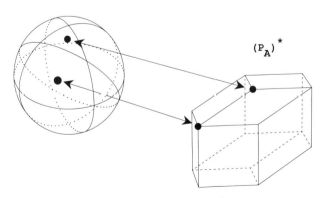

図 9.9 多面体とゾノトープ

9.3　超平面アレンジメントとゾノトープの面数え上げ

$\mathbb{R}^d$ 上の超平面アレンジメント $\mathcal{A}$ における k-次元面の数を $f_k(\mathcal{A})$ とする. すべての超平面アレンジメントは中心的であり, S^{d-1} 上の球面アレンジメントとみなせる（図 9.10 参照）.

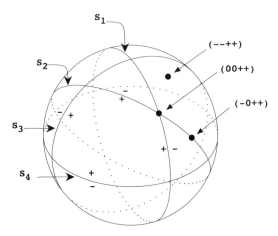

図 9.10　球面アレンジメント（図 9.7 再掲）

球面アレンジメントにおいて, $\mathbb{R}^d$ 上の m 枚の超平面からなる中心的超平面アレンジメントとケーキカットは容易に関連付けられる. アレンジメントにおける最後の球面を s_m^0 とする. これは 2 つの半球 $s_m^+ := h_m^+ \cap S^{d-1}$ と $s_m^- := h_m^- \cap S^{d-1}$ の境界である. 半球集合の 1 つに限定した球面アレンジメントは, $m-1$ 回の切断による $(d-1)$ 次元球のケーキカットと組合せ同値である. したがって, 定理 9.1 から次の定理が導かれる.

定理 9.3（超平面アレンジメントの上限定理）　$\mathbb{R}^d$ 上の m 枚の超平面からなる中心的超平面アレンジメント $\mathcal{A}$ において,

$$f_d(\mathcal{A}) \le 2 \sum_{i=0}^{d-1} \binom{m-1}{i}, \quad f_1(\mathcal{A}) \le 2 \binom{m}{d-1}$$

である.

超平面アレンジメントを単位球面に限定すると, 左辺は $f_{d-1}(\mathcal{A} \cap S^{d-1})$ と

$f_0(\mathcal{A} \cap S^{d-1})$ を表す．超平面アレンジメントとゾノトープの双対性を用いると，定理 9.3 からゾノトープの上限定理が導かれる．

定理 9.4（ゾノトープの上限定理） m 個の生成元 $(m \geq d)$ で与えられる d 次元ゾノトープ P において，

$$f_0(P) \leq 2 \sum_{i=0}^{d-1} \binom{m-1}{i}, \quad f_{d-1}(P) \leq 2 \binom{m}{d-1}$$

である．

固定した d において，$f_{d-1}(P)$ も $f_0(P)$ もともに $O(m^{d-1})$ である．

9.4 点配置と関連する超平面アレンジメント

点配置 (point configuration) とは，$\mathbb{R}^d$ 上の点集合 $P = \{p_1, p_2, \ldots, p_n\}$ である．任意の超平面に関する点の相対的な位置は内在する組合せ構造を表す（図 9.11 参照）．

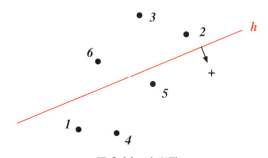

図 9.11 点配置

$\mathbb{R}^{d+1}$ 上でリフトした点を $\hat{p}_i = \begin{bmatrix} p_i \\ 1 \end{bmatrix}$ とする．対応する超平面を $h_i = \{x : \hat{p}_i^T x = 0\}$ とし，超平面 h_i が定める 2 つの半空間を $h_i^- = \{x : \hat{p}_i^T x < 0\}$ と $h_i^+ = \{x : \hat{p}_i^T x > 0\}$ とする．半空間 h_i^+ は双対超平面アレンジメントのその符号ベクトル表現 X が $X_h = +$ を満たすセルに分割されている．$\mathbb{R}^{d+1}$ 上に得られる超平面アレンジメント $\mathcal{A} = \{h_1, \ldots, h_n\}$ は P の組合せ構造を適切に符号化する（図 9.12 参照）．開半空間 h^+ が $j \in X^+$ を満たす双対超平面アレンジメン

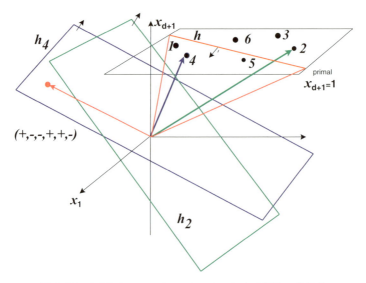

図 9.12　超平面アレンジメントによる組合せ構造の符号化

トにおける領域の符号ベクトル $X \in \{+, -, 0\}^n$ で表されることと，$p_j \in h^+$ は同値である．超平面 h による分割 $(\{1, 4, 5\}, \{2, 3, 6\})$ は領域 $(+, -, -, +, +, -)$ に対応する．

応用：最大許容部分系 (Largest Feasible Subsystem)

これは，矛盾のある線形不等式系 $Ax < b$ が与えられたとき，矛盾のない部分系の中で最大のものを探す問題である．つまり，実行可能性を満たすよう可能な限り不等式を削除するということである（図 9.13 参照）．この問題は NP-困難として知られ，列挙アルゴリズムまたは近似アルゴリズムが必要になる．

応用：超平面による点の最良分割

これは，$\mathbb{R}^d$ 上に白と黒の 2 つの点集合が与えられたとき，可能な限り最良となる（分割）超平面，つまり，誤って分類される頂点数が最小となる超平面を見つける問題である（図 9.14 参照）．この問題も NP-困難として知られ，同問題は最大許容部分系問題 (largest feasible subsystem problem) へと還元可能である．分割数は列挙に内在する難しさを示している．

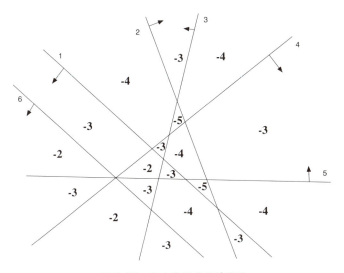

図 9.13 最大許容部分系問題

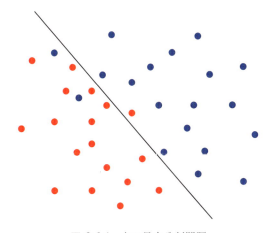

図 9.14 点の最良分割問題

9.5 演習問題

▶ **演習問題 9.1** 中心的超平面アレンジメント

$$A = \begin{bmatrix} 1 & 0 \\ 0 & 2 \\ -1 & 1 \end{bmatrix}$$

として，中心的超平面アレンジメント $(A, \mathbf{0})$ を $\mathcal{A}$ と表す．

128　第 9 章　超平面アレンジメントと点配置

1. 超平面アレンジメント $\mathcal{A}$ を描け.

2. 面束 $\mathcal{F}(\mathcal{A})$ を計算せよ.

3. P_A とその双対 $(P_A)^*$ を決定し,定理 9.2 を確かめよ.

▶ **演習問題 9.2　中心的超平面アレンジメントの面束**　定理 9.2 を証明する.

$A \in \mathbb{R}^{m \times d}$ が列フルランクである,つまり,$Ax = \mathbf{0}$ のとき $x = \mathbf{0}$ と仮定する.任意の $y \in \mathbb{R}^m$ において,$\operatorname{sgn}(y)_i$ が $y_i > 0$ のとき 1,$y_i < 0$ のとき -1,それ以外のとき 0 に等しい符号ベクトルを $\operatorname{sgn}(y)$ とする.任意の非ゼロベクトル $x \in \mathbb{R}^d$ に対して,

$$p(x) := \frac{x}{\operatorname{sgn}(Ax)^T Ax}, \quad a(x) := \{y \in \{1, -1\}^m : y^T Ax = 1\}$$

とする.ゼロでない x と任意の $y \in \{1, -1\}^m$ において,以下を示せ.

1. $p(x) \in P_A$.

2. $y \in a(p(x))$ と,$(Ax)_i \neq 0$ である任意の要素 i において $\operatorname{sgn}(y)_i = \operatorname{sgn}(Ax)_i$ であることは同値である.

第 10 章

多面体の Minkowski 和

10.1 線分の Minkowski 和：ゾノトープ構成

10.1.1 超平面とゾノトープに関する計算

これまで学んできたように，中心的超平面アレンジメントとゾノトープは数学的に等価な対象である．中心的超平面アレンジメント $\mathcal{A}(A)$ が $m \times d$ の行列 A で実現されるとき，その面束 $\hat{\mathcal{A}}$ は線分 $L_i = [-A_i, A_i]$ $(\forall j \in [m])$ で生成されるゾノトープ $Z(A)$ の面束と逆同型 (anti-isomorphic) である．

この双対性から，超平面のアルゴリズムをゾノトープのアルゴリズムに書き換えることができる．特に，入力として行列 A が与えられる次の 3 つの問題の (a) と (b) は等価である．

問題 10.1 超平面のセル列挙／ゾノトープの頂点列挙

(a) $\mathcal{A}(A)$ のすべてのセルを生成

(b) $Z(A)$ のすべての頂点を生成

問題 10.2 超平面の頂点列挙／ゾノトープのファセット列挙

(a) $\mathcal{A}(A)$ のすべての 1-面（直線）を生成

(b) $Z(A)$ のすべてのファセットを生成

問題 10.3 超平面の面列挙／ゾノトープの面列挙

(a) $\mathcal{A}(A)$ のすべての面を生成

(b) $Z(A)$ のすべての面を生成

問題 10.1 については，Avis と Fukuda によるコンパクトな出力–多項式時間

アルゴリズム [6] と Edelsbrunner, O'Rourke, Seidel による最悪ケース最適アルゴリズム [22] がある.

問題 10.2 については，Seymour による出力–多項式時間アルゴリズム [68] があるが，簡潔な出力–多項式時間アルゴリズムの存在は知られていない．入力が非退化であるとき，$\binom{m}{d-1}$ 個のすべての組合せを調べるという，簡潔かつ出力–多項式時間である自明なアルゴリズムが存在する．入力が少しだけ退化しているときに，この単純なアルゴリズムが機能する可能性を示唆している.

文献 [34] は，セルのリストから $\mathcal{A}(A)$ のすべての面を生成する出力–多項式時間アルゴリズムの存在を示している．つまり，問題 10.1 を解く簡潔な出力–多項式時間アルゴリズム [6] と合わせると，問題 10.3 が出力–多項式時間アルゴリズムで解けることになる.

10.1.2 超平面のセル生成

ここで，逆探索アルゴリズム [6] を紹介する．逆探索アルゴリズムとは，超平面のすべてのセルを生成する唯一の簡潔な出力–多項式時間アルゴリズムである．双対性から，この逆探索アルゴリズムはゾノトープのすべての頂点を列挙する簡潔な出力–多項式時間アルゴリズムでもある.

$\mathbb{R}^d$ 上の相異なる超平面 $\{h_i : i \in [m]\}$ からなる超平面アレンジメントを $\mathcal{A}$ とし，各超平面を 1 次式 $h_i = \{x : A_i x = b_i\}$ とする．h_i の両側は $h_i^+ = \{x : A_i x > b_i\}$ と $h_i^- = \{x : A_i x < b_i\}$ である．各 $x \in \mathbb{R}^d$ において，x の符号ベクトル $\sigma(x)$ は

$$
\sigma(x)_i = \begin{cases} - & \text{if } x \in h_i^-, \\ 0 & \text{if } x \in h_i, \qquad i = 1, 2, \ldots, m \\ + & \text{if } x \in h_i^+, \end{cases}
$$

と定義される $\{-, 0, +\}^m$ のベクトルである.

ゼロでない添字集合が $[m]$ に一致する $\mathbb{R}^d$ 上の点の符号ベクトル集合を V_{CELL} とする．V_{CELL} のベクトル c を，$\{x : \sigma(x) = c\}$ で与えられる超平面アレンジメントの開セル (open cell)（開 d-面 (open d-face)）と同一視する．2 つのセル c と c' の分離集合，つまり c_i と c_i' が逆の符号である添字集合を $sep(c, c')$ とする．2 つのセル c と c' が 1 要素のみ異なる，つまり $|sep(c, c')| = 1$ であるとき，

これら2つのセルは V_{CELL} を頂点とするグラフ G_{CELL} で隣り合う (adjacent) という.

補題 10.4 V_{CELL} の中の隣り合わない任意の2つのセル c と c' において, c と隣り合いかつ $sep(c, c'') \subset sep(c, c')$ であるセル c'' が存在する.

証明 2つの相異なるセルを c と c' とし, 一般の位置にある c (c') 上の点を x (x') とする. 線分 $[x, x']$ 上で x から x' に向かって進むと, 一連のセル $c_o = c$, c_1, c_2, ..., $c_k = c'$ と交わることから, c_1 は c と隣接しかつ $sep(c, c_1) \subset sep(c, c')$ であるとわかる. □

V_{CELL} がすべて + からなるセル c^* を含むと仮定する. 補題 10.4 から, c^* と異なるセル c において, c と隣接しかつ $sep(c^*, c'') \subset sep(c^*, c)$ であるセル c'' が存在する. 辞書式順序最大 (lexico-largest) である (つまり, $sep(c, c'')$ の唯一の要素が可能な限り最小である) セル c'' を $f_{CELL}(c)$ と定義しよう. このとき, $(G_{CELL}, S_{CELL}, f_{CELL})$ は, $S_{CELL} = \{c^*\}$ を満たす有限局所探索である. 図 10.1 は, $d = 2$ かつ $m = 4$ である例における局所探索の軌跡を示している.

この局所探索を逆にすることにより, 超平面アレンジメントにおけるすべてのセルを列挙するアルゴリズムが得られる. 実装にむけて数点説明しよう. まず, すべて + であるセル c^* の存在を仮定したが, その超平面アレンジメントの任意のセル c をとり, このセルをすべて + であるセルとして考えることができる. なぜなら, $A_i x = b_i$ を $-A_i x = -b_i$ と入れ替えることは超平面を本質的に変えないからである. $\mathbb{R}^d$ 上にランダムに点をとり, もしこの点がいくつかの超平面上にある場合は点をわずかに動かすことで初期セルを得る.

では, ReverseSearch($\text{Adj}_{CELL}, \delta_{CELL}, S_{CELL}, f_{CELL}$) の実現方法を考えよう. まず, $\delta_{CELL} = m$ かつ $S_{CELL} = \{c^*\}$ である. 任意のセル $c \in V_{CELL}$ と $k \in M$ を入力として, 関数 $\text{Adj}_{CELL}(c, k)$ は LP

$$
\begin{aligned}
&\text{最小化（最大化）} \quad y_k \\
&\text{制\quad約} \quad\quad\quad\quad y = Ax - b, \\
&\quad\quad\quad\quad\quad\quad\quad\quad y_i \geq 0 \quad (c_i = + \text{ を満たす } \forall i \neq k) \\
&\quad\quad\quad\quad\quad\quad\quad\quad y_i \leq 0 \quad (c_i = - \text{ を満たす } \forall i \neq k)
\end{aligned}
\tag{10.1}
$$

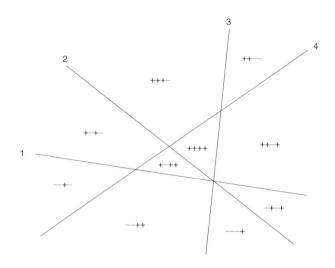

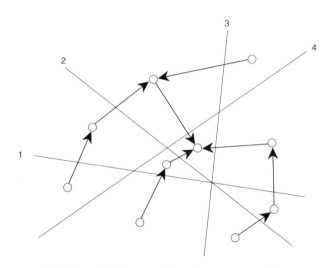

図 10.1 超平面アレンジメントと f_{CELL} の軌跡

を解く.ただし,$c_k = +$ ($c_k = -$) のとき最小化 (最大化) とする.この関数が $sep(c, c') = \{k\}$ を満たす隣接セル c' を返すことと,(10.1) に負 (正) の目的関数値を持つ実行可能解が存在することは同値である.時間 $t(\mathrm{Adj}_{CELL})$ は,d 個の変数と $m-1$ 本の不等式からなる LP に依存する.第 7 章と同じく,この時間を m と d の関数 $\mathrm{LP}(d, m)$ と表す.

目的関数を $y_1, y_2, y_3, \ldots$ とする (10.1) と類似する一連の LP を解くことで f_{CELL} を簡単に実装できる．つまり，最悪の場合に $O(m)$ 個の LP を解く可能性があるが，現時点でこれを上回る実装方法は知られていない．

定理 10.5 セル列挙問題に対し，ReverseSearch($\mathrm{Adj}_{CELL}, \delta_{CELL}, S_{CELL}, f_{CELL}$) を時間計算量 $O(m\,d\,\mathrm{LP}(d,m)\,|V_{CELL}|)$ かつ空間計算量 $O(m\,d)$ で実装できる．

証明 定理 8.2 で ReverseSearch の時間計算量が $O(\delta\,t(\mathrm{Adj})|V| + t(f)|E|)$ であったことを思い出そう．

前述したように，$\delta_{CELL} = m$, $t(\mathrm{Adj}_{CELL}) = O(\mathrm{LP}(d,m))$, $t(f_{CELL}) = O(m\,\mathrm{LP}(d,m))$ である．任意の超平面アレンジメント ([34] 参照) で $|E_{CELL}| \leq d\,|V_{CELL}|$ が成立するので，時間計算量はこれにならう．空間計算量が入力サイズ $O(m\,d)$ と同じであることは明らかである． □

10.2 一般多面体の Minkowski 和

ゾノトープは多面体の特別な Minkowski 和，つまり，線分の Minkowski 和である（図 10.2 参照）．本節では，$\mathbb{R}^d$ 上の多面体 $P_1, \ldots, P_k$ の Minkowski 和の計算量と，多面体の Minkowski 和を計算するアルゴリズムを学ぶ．

本問題には 3 つの形がある．入力も出力も H-多面体であるとき，付随する決定問題が $k = 2$ のときに NP-困難であることを Tiwary [70] が近年証明した．**付随する決定問題** (associated decision problem) とは，与えられた H-多面体 P が H-多面体 $P_1, \ldots, P_k$ の Minkowski 和であるか否かを決定する問題である．

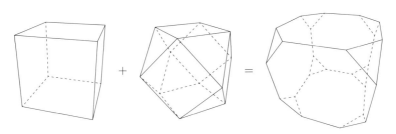

図 10.2 多面体の Minkowski 和

134 第 10 章 多面体の Minkowski 和

入力が V-多面体で出力が H-多面体であるとき，計算量が解明されていない特別な場合 ($k = 1$) として本問題は多面体の表現変換を含む．最後に入力も出力も V-多面体であるときは，出力–多項式時間アルゴリズムが知られる唯一のケースである．

本節では，文献 [28] に沿って 3 つ目の問題の出力–多項式時間アルゴリズムを示す．このアルゴリズムは，10.1.2 項で扱った逆探索アルゴリズム（の双対形）の自然な拡張である．

10.2.1 面，Minkowski 分解と隣接関係

多面体 P と任意のベクトル $c \in \mathbb{R}^d$ において，P 上の内積 (inner product) $c^T x$ を最大にする x の集合を $S(P; c)$ と表す．したがって，P の空でない面はそれぞれある c に関して $S(P; c)$ となる．P の面集合を $F(P)$ とし，$i = -1$，$0, \dots, d$ における i-面の集合を $F_i(P)$，i-面の数を $f_i(P)$ とする．空でない面 F における P の外向き法線 (outer normal) からなる相対的開多面体錐 (relatively open polyhedral cone) を $N(F; P)$ とする．したがって，$c \in N(F; P)$ と $F = S(P; c)$ は同値である．P の法扇 (normal fan) $N(P)$ は，その凸体が $\mathbb{R}^d$ であるセル複体 $\{N(F; P) : F \in F(P)\}$ である．F が i-面 ($i = 0, 1, \dots,$ d) であるとき，法線錐 (normal cone) $N(F; P)$ は $(d - i)$ 次元である．したがって，P の端点は複体の全次元の面（領域 (regions) またはセル (cell)）と一対一対応である．

> **命題 10.6** $\mathbb{R}^d$ 上の多面体を $P_1, P_2, \cdots, P_k$ とし，$P = P_1 + P_2 + \cdots + P_k$ とする．このとき，P の空でない部分集合 F が P の面であることと，(i に依存することなく）すべての i において $F_i = S(P_i; c)$ となる c が存在し，P_i の面 F_i において $F = F_1 + F_2 + \cdots + F_k$ であることは同値である．加えて，任意の空でない面 F の分割 $F = F_1 + F_2 + \cdots + F_k$ は一意である．

証明 同値性は次の関係 [38, Lemma 2.1.4]

$$S(P_1 + P_2 + \cdots + P_k; c) = S(P_1; c) + S(P_2; c) + \cdots + S(P_k; c), \quad \forall c \in \mathbb{R}^d$$

から直接導かれる．一意性について，ある c において $F = S(P; c)$ と定まる非空

な面を F とし,任意の分割を $F = F_1 + F_2 + \cdots + F_k$ とする.まず,すべての i において $F_i \subseteq S(P_i; c)$ である.なぜなら,任意の $x \in F$ における $c^T x$ の値は,$i = 1$,$\ldots, k$ において $x_i \in P_i$ である最大値 $c^T x_i$ の和であるので,$x_i \in F_i$ において $x \in F$ かつ $x = x_1 + x_2 + \cdots + x_k$ であるとき,$x_i \in S(P_i; c)$ となるからである.ここで,$S(P_i; c)$ に真に含まれる F_i が存在すると仮定しよう.F_i 上にない $S(P_i; c)$ の端点を v とする.このとき,$w^T v$ が $x \in F_i$ から得られるどの値よりも厳密に大きくなる線形関数 $w^T x$ が存在する.多面体 $F_1 + F_2 + \cdots + F_{i-1} + F_{i+1} + \cdots + F_k$ 上で $w^T x$ の最大値を達成する任意の点を x^* とすると,$x^* + v \in F$ であるが,この点は $F_1 + F_2 + \cdots + F_k$ にはなく,矛盾である.以上から一意性が証明された. $\square$

空でない面 F の一意な分割 $F = F_1 + F_2 + \cdots + F_k$ を **Minkowski 分割** (Minkowski decomposition) という.ここで,F の次元は,少なくとも各 F_i の次元以上である.これより,次の系が得られる.

系 10.7 $P_1, P_2, \ldots, P_k$ を $\mathbb{R}^d$ 上の多面体とし,$P = P_1 + P_2 + \cdots + P_k$ とする.ベクトル $v \in P$ が P の端点であることと,P_i の端点 v_i において $v = v_1 + v_2 + \cdots + v_k$ であり,かつすべての i において $\{v_i\} = S(P_i; c)$ となる $c \in \mathbb{R}^d$ が存在することは同値である.

本節最後で示すアルゴリズム 10.1 では,P の端点の隣接関係を特徴付けることが重要である.

系 10.8 $\mathbb{R}^d$ 上の多面体を $P_1, P_2, \ldots, P_k$ とし,$P = P_1 + P_2 + \cdots + P_k$ とする.P の部分集合 E が P の辺であることと,以下の 3 条件を満たす P_i の面 E_i において $E = E_1 + E_2 + \cdots + E_k$ であることは同値である.E_i が満たす 3 条件とは,各 i で $\dim(E_i) = 0$ か 1 で,かつ次元 1 のすべての面 E_i が平行であり,すべての i で $E_i = S(P_i; c)$ を満たす $c \in \mathbb{R}^d$ が存在することである.

この系の変形版として,端点の隣接関係が Minkowski 和の隣接関係に由来することがアルゴリズム 10.1 において重要である.

136   第 10 章 多面体の Minkowski 和

命題 10.9 $\mathbb{R}^d$ 上の多面体を $P_1, P_2, \ldots, P_k$ とし，$P = P_1 + P_2 + \cdots + P_k$ とする．Minkowski 分割が $u = u_1 + u_2 + \cdots + u_k$ と $v = v_1 + v_2 + \cdots + v_k$ である P の隣接する端点を u と v とする．このとき，各 i において u_i と v_i は一致するかまたは P_i で隣接するかのいずれかである．

証明   隣接する端点を u と v とする．$[u, v] = [u_1, v_1] + [u_2, v_2] + \cdots + [u_k, v_k]$ と各 $[u_i, v_i]$ が P_i の面であることを示せば十分である．$[u, v] = S(P; c)$ である $c \in \mathbb{R}^d$ を考える．なぜなら，$[u, v] = S(P_1; c) + S(P_2; c) + \cdots + S(P_k; c)$ であり，かつ u と v の分割の一意性からすべての j において u_j も v_j も $S(P_j; c)$ にあるからである．したがって，すべての j において $[u_j, v_j] \subseteq S(P_j; c)$ である．一方で，一般的に $[u, v] \subseteq [u_1, v_1] + [u_2, v_2] + \cdots + [u_k, v_k]$ である．最後の 2 つの関係から，すべての j について $[u_j, v_j] = S(P_j; c)$ となる． $\square$

この命題から，与えられた端点のすべての隣接端点を線形計画を用いて列挙する出力–多項式時間アルゴリズムが導かれる．

10.2.2 V-多面体の Minkowski 和の計算量

V-多面体の Minkowski 和の計算が自明でないことは，Minkowski 和の計算量が入力に大きく依存することから理解できる．特に，足しあわされるもののサイズに関する和の計算量に最も関心がある．

1 つ目の命題は，Minkowski 和の頂点複雑度 (vertex complexity) が，足しあわされる多面体の頂点複雑度の定数倍以下であることを示す．

命題 10.10 （線形有界 Minkowski 和）   各 $k \geq 2$ と $d \geq 2$ において，

$$f_0(P_1 + P_2 + \cdots + P_k) \leq f_0(P_1) + f_0(P_2) + \cdots + f_0(P_k)$$

を満たす Minkowski 和の無限族が存在する．

証明 $k \geq 2$ かつ $d \geq 2$ とする．まず，少なくとも k 個の端点をもつ任意の d-多面体 Q をとり，k 個の端点を選ぶ．j 番目に選ばれた端点 v^j だけを 1 つ以上の超平面で切り落とすことにより，Q から新しい多面体 P_j を構成する．ここで，$f_0(P_1 + P_2 + \cdots + P_k) \leq f_0(P_1) + f_0(P_2) + \cdots + f_0(P_k)$ を示そう．$k = 2$

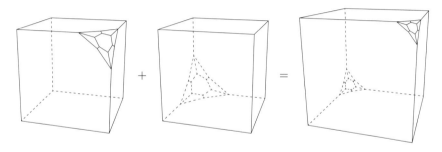

図 10.3 切頂された立方体の Minkowski 和

かつ $d = 3$ で，Q が 3 次元立方体である図 10.3 を見よう．ある j における P_j の端点 v には次の 3 つの場合がある．第 1 のケースは，v が未選択の頂点のときである．この場合，頂点 v は P の端点の Minkowski 和となる．なぜなら，P_j 上の v で最大化される任意の線形関数は他の P_i 上でも v で最大化されるからである．第 2 のケースは，v が v^j の切頂により新しく生成された頂点のときである．頂点 v は v^j の切頂により得られるので，P_j 上の v で最大化される任意の線形関数は他の P_i 上でも v^j で最大化される．第 3 のケースは，ある $i \ne j$ において $v = v^i$ であるときであり，v は P_i の切頂により得られる新しい端点だけに寄与する．これは第 2 のケースと本質的に同じである．系 10.7 から，P_j の各端点が $f_0(P_1 + P_2 + \cdots + P_k)$ に寄与するのは高々 1 度である．□

次の定理は，前の命題に関する極端な場合である．つまり，頂点複雑度の上限が多面体の Minkowski 和を含む大きなクラスで実現される．

定理 10.11（タイトな上限 [36]） 次元 $d \geq 3$ において，頂点数の自明な上界値が Minkowski 和で達成されるように k ($\leq d - 1$) 個の多面体 $P_1, \ldots, P_k$ を選ぶことができる．

$$f_0(P_1 + P_2 + \cdots + P_k) = f_0(P_1) \times f_0(P_2) \times \cdots \times f_0(P_k)$$

証明 ここでは概略のみを示す（詳細は [36] を参照）．$\mathbb{R}^d$ 上の k ($\leq d - 1$) 個の直交平面において，凸になるように v_i 個の点を配置し，P_i それぞれが全次元になるように点を少し動かす．図 10.4 は $f_0(P_1) = f_0(P_2) = 4$ と $f_0(P) = f_0(P_1) \times f_0(P_2) = 16$ の場合を示している．□

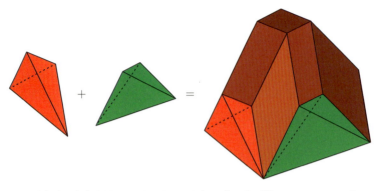

図 10.4 直交空間における $(d-1)$ 個の薄い多面体の Minkowski 和

10.2.3 ゾノトープ構成アルゴリズムの拡張

本項では，$P_1, P_2, \ldots, P_k$ を端点集合 $V_1, V_2, \ldots, V_k$ で与えられる $\mathbb{R}^d$ 上の多面体とする．P_j のグラフ $G(P_j)$ は，グラフ $G(P_j)$ で頂点 $v \in V_j$ に隣接する頂点の隣接リスト $(\text{Adj}_j(v,i) : i = 1, \ldots, \delta_j)$ で与えられる．ここで，各 $j = 1, \ldots, k$ における δ_j は $G(P_j)$ の最大次数とする．v の次数 $\deg_j(v)$ が $G(P_j)$ における δ_j より小さいとき，すべての $i > \deg_j(v)$ において $\text{Adj}_j(v,i) = null$ とする．最後に，命題 10.9 から $\delta = \delta_1 + \delta_2 + \cdots + \delta_k$ を $G(P)$ の最大次数の上限と定義する．入力の多面体が単純で全次元であるとき，すべての j において $\delta_j = d$ かつ $\delta = kd$ である．与えられた集合 V_j から，線形計画問題により多項式時間で隣接リストを計算できる．

Minkowski 加算問題 (Minkowski addition problem) とは $P = P_1 + P_2 + \cdots + P_k$ の端点集合 V の計算である．これより Minkowski 加算問題のコンパクトな多項式時間アルゴリズムを示す．

アルゴリズムの鍵

アルゴリズムのアイデアは極めて単純である．8.2 節で示した逆探索を用いた凸多面体の頂点列挙と同様に，P のグラフ $G(P)$ の有向全域木で入力端点 v^* を根とする T をたどる．頂点列挙アルゴリズムとの違いは，多面体 P が不等式系（H-多面体）ではなく，V-多面体の Minkowski 和 (Minkowski-addition) として与えられることである．したがって，容易にたどれる有向全域木の定義方

法を導入する必要がある．次に示す法扇の単純な幾何的性質を用いよう．

命題 10.12 P の相異なる 2 端点を v と v' とし，$c \in N(v; P)$ かつ $c' \in N(v'; P)$ とする．このとき，ある θ $(0 \leq \theta \leq 1)$ に対し $N(v''; P)$ が $(1-\theta)c + \theta c'$ を含む v の隣接頂点 v'' が存在する．

証明 $v \neq v'$ より，外向き法線錐は法扇 $N(P)$ における 2 つの相異なる全次元の錐である．したがって，θ が 0 から 1 へと増加するにつれて，線分 $[c, c']$ 上の点 $t(\theta) := c + \theta(c' - c)$ $(0 \leq \theta \leq 1)$ が 1 つ目の錐 $N(v; P)$ の境界の超平面のうち少なくとも 1 つから離れることになる．$N(v; P)$ の境界となる超平面は v を端点とする G の辺と一対一対応であるので，最初に破られるこれらの超平面の任意の 1 つが命題で述べられている頂点 v の隣接頂点 v'' に対応する．　□

P の初期端点を v^* とする．P の端点を 1 つ見つけることは難しくない．一般の位置にある $c \in \mathbb{R}^d$ を選び，各 i において P_i 上で c^T を最大にする唯一の端点 v^i を探す．点 $v = v^1 + v^2 + \cdots + v^k$ は P の端点である．

点 v^* を根とする $G(P)$ の有向全域木を以下のように構成する．$v \in V$ を v^* と異なる任意の点とする．任意の頂点における P の法線錐の内部の点を選ぶ標準的な方法があると仮定する．なお，この点の決定方法については後に示す．$N(v; P)$ と $N(v^*; P)$ の標準ベクトルをそれぞれ c と c^* とする．命題 10.12 から $v' = v^*$ とすることで，$N(v''; P)$ が線分 $[c, c^*]$ と交わる v の隣接頂点 v'' が存在するとわかる．一般的に，このような頂点 v''（退化）が複数存在する可能性がある．c を標準的に摂動させて，十分小さな $\epsilon > 0$ に対して $c + (\epsilon^1, \epsilon^2, \dots, \epsilon^d)^T$ とする．写像 $f : V \setminus \{v^*\} \to V$ を $f(v) = v''$ と定義する．この写像は逆探索では局所探索関数 (local search function) とよばれ，v^* を根とする有向全域木 $T(f) = (V, E(f))$ を決定する．ここで，$E(f)$ は有向辺集合 $\{(v, f(v)) : v \in V \setminus \{v^*\}\}$ である．

命題 10.13 有向グラフ $T(f)$ は（無向グラフである）$G(P)$ の全域木であり，v^* は $T(f)$ の唯一のシンクである．

証明 その構成法から，v^* は $T(f)$ の唯一のシンクである．$T(f)$ に有向サイクルがないことを示せば十分である．まず，任意の辺 $(v, v'' = f(v)) \in E(f)$ を

とる．v と v^* に対する標準ベクトルをそれぞれ c と c^* とする．一般性を失うことなく，c を摂動したベクトル $c + (\epsilon^1, \epsilon^2, \ldots, \epsilon^d)^T$ へと置き換えられるので，非退化を仮定する．c は $N(v; P)$ の内点であるので，

$$c^T(v - v'') > 0 \tag{10.2}$$

である．ここで再び，標準化された点が法線錐の内点として選ばれることから，$\hat{c} := (1-\theta)c + \theta c^* \in N(v''; P)$ を満たす $0 < \theta < 1$ が存在する．したがって，$\hat{c}^T(v'' - v) > 0$，つまり

$$\begin{aligned} 0 &< ((1-\theta)c + \theta c^*)^T(v'' - v) \\ &= (1-\theta)c^T(v'' - v) + \theta(c^*)^T(v'' - v) \\ &< \theta(c^*)^T(v'' - v) \quad ((10.2)\text{ より}) \end{aligned}$$

が導かれることから，頂点 v'' は v より c^* との内積の値が厳密に大きくなる．したがって，$T(f)$ には有向サイクルは存在しない． □

図 10.5 は有向全域木 $T(f)$ の例を緑で示している．

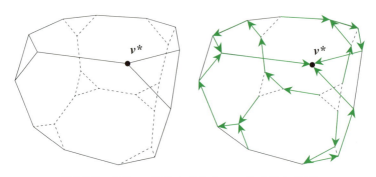

図 10.5　グラフ $G(P)$ と根付 (rooted) 全域木 $T(f)$

下で示す逆探索アルゴリズムは，隣接性オラクルを用いて木を根 v^* から逆向きに深さ優先探索でたどる．このアルゴリズムの肝となる計算は線形計画問題を解くことである．では，アルゴリズムの計算量について述べよう．

定理 10.14　$O(\delta \mathrm{LP}(d,\delta)f_0(P))$ 時間かつ入力サイズに比例した空間で k 個の多面体の Minkowski 和を求める多項式時間アルゴリズムがある.

アルゴリズム

　本項の残りで，根の頂点 v^* から始めて $T(f)$ を辺の向きと逆方向にたどる逆探索アルゴリズムの詳細を示す．最後に定理 10.14 を証明する．逆探索アルゴリズムは，局所探索関数 f に加えてグラフ $G(P)$ を暗に決定する隣接性オラクルを必要とする．

　Minkowski 分割 $v = v_1 + v_2 + \cdots + v_k$（系 10.7 参照）における P の任意の頂点を v とし，

$$\Delta = \{(j,i) : j = 1,\ldots,k,\ i = 1,\ldots,\delta_j\} \tag{10.3}$$

とする．任意の $(j,i) \in \Delta$ において，$\mathrm{Adj}_j(v_j,i)$ は *null* でない限り，v_j に隣接する i 番目の頂点であることを思い出そう．$\mathrm{Adj}_j(v_j,i) \neq$ *null* であるとき，ペア (j,i) を v に対して有効である (valid) といい，そうでないとき有効でない (invalid) という．辺ベクトル $e_j(v_j,i)$ を

$$e_j(v_j,i) = \begin{cases} \mathrm{Adj}_j(v_j,i) - v_j & (j,i) \text{ が } v \text{ に対して有効である} \\ null & \text{それ以外のとき} \end{cases} \tag{10.4}$$

と定義する．命題 10.9 は，v を端点とする P のすべての辺は，v_j を端点とする辺に由来すると述べている．つまり，v を端点とする P の各辺はある辺 $e_j(v_j,i)$ に平行であることを意味する．したがって，δ は v の次数の自明な上限となる．各 $(s,r) \in \Delta$ において，同じ（平行な）方向を

$$\Delta(v,s,r) = \{(j,i) \in \Delta : e_j(v_j,i) \parallel e_s(v_s,r)\} \tag{10.5}$$

とまとめよう．(s,r) が有効でないとき，空集合とする．ここで，任意の $(s,r) \in \Delta$ において，$e_s(v_s,r)$ が P の辺の方向を決定するか否かを調べることは以下の LP（実行可能性問題）へと容易に還元できる．

$$\begin{aligned} & e_s(v_s,r)^T \lambda < 0 \\ & e_j(v_j,i)^T \lambda \geq 0 \quad (\text{有効である } (j,i) \notin \Delta(v,s,r) \text{ に対して}) \end{aligned} \tag{10.6}$$

(10.6) が解 λ を持つことと，$e_s(v_s, r)$ が v を端点とする P の辺の方向を決定することは同値である．実行可能解が存在するとき，命題 10.9 から，この方向にある v の隣接点 $\hat{v}$ は

$$\hat{v} = \hat{v}_1 + \hat{v}_2 + \cdots + \hat{v}_k,$$

$$\hat{v}_j = \begin{cases} \mathrm{Adj}_j(v_j, i) & (j, i) \in \Delta(v, s, r) \text{ である } i \text{ が存在するとき} \\ v_j & \text{それ以外のとき} \end{cases}$$

となる．このとき，$e_s(v_s, r)$ が P の辺を決定し，(s, r) が最小の添字を持つ $\Delta(v, s, r)$ の要素であるすべてのペア $(s, r) \in \Delta$ の集合を $\Delta(v)$ と表す．この集合は，v におけるすべての辺の方向の重複のない添字集合を表す．

ここで，隣接性オラクルを

$$\mathrm{Adj}(v, (s, r)) = \begin{cases} \hat{v} & (s, r) \in \Delta(v) \\ null & \text{それ以外のとき} \end{cases} \tag{10.7}$$

を満たす関数 $\mathrm{Adj}: V \times \Delta \to V \cup \{null\}$ として定義する準備が整った．

補題 10.15 隣接性オラクル $\mathrm{Adj}(v, (s, r))$ を $\mathrm{LP}(d, \delta)$ 時間で評価できる．

証明 本質的な評価は (10.6) を解くことである．$\delta = |\Delta|$ より，この系は d 変数と高々 δ 本の不等式を持つことから，系の主張が導かれる． $\square$

補題 10.16 Minkowski 分割 $v = v_1 + v_2 + \cdots + v_k$ を与える各点 $v \in V \setminus \{v^*\}$ において，評価時間を $O(\mathrm{LP}(d, \delta))$ とする局所探索関数 $f(v)$ を実装できる．

証明 f の実装は，法線錐 $N(v; P)$ の標準ベクトルの定義方法に依存する．隣接性オラクルの実装と同じように，LP への定式化を行う．有効な $(j, i) \in \Delta$ における集合 $e_j(v, i)$ には，v におけるすべての辺の方向が含まれているので，法線錐 $N(v; P)$ は系

$$e_j(v_j, i)^T \lambda \le 0 \quad \text{有効である } (j, i) \in \Delta$$

の解集合 λ である．この法線錐の内部の点が必要であるため，以下の LP を定

式化する.

$$\text{最大化} \qquad \lambda_0$$
$$\text{制　約} \quad e_j(v_j,i)^T\lambda + \lambda_0 \leq 0 \quad \text{有効である } (j,i) \in \Delta \qquad (10.8)$$
$$\lambda_0 \leq K$$

K を任意の正定数とする. v は P の頂点であるので, この LP は最適解を持つ. 唯一の最適解を定義する必要があるため, 次のように設定する. 決定的なアルゴリズムを 1 つ固定し, このアルゴリズムが返す唯一の解として標準ベクトルを定義する. 変数は $d+1$ 個でありかつ不等式は高々 $\delta+1$ 本であるので, LP における仮定から標準ベクトルの計算に要する時間計算量 $O(\mathrm{LP}(d,\delta))$ が導かれる. λ に関する不等式をすべての i において $-1 \leq \lambda_i \leq 1$ である LP (10.8) に加えて, 最適解が可解である領域にあることを確かめる. ちなみに, この確認は計算量には影響しない.

f の実行には標準ベクトル c と c^* の計算が必要である. これらのベクトルが一度計算されると, 直線 $t(\theta) := c + \theta(c^* - c)$ (θ が 0 から 1 へと増加する方向) とぶつかる法線錐 $N(v;P)$ の最初の境界となる超平面が残りの実行により決定される. これは高々 δ 本の 1 変数等式を解くことであり, 標準ベクトルの計算に支配されている. □

アルゴリズム 10.1 に最終的に得られた逆探索アルゴリズムを示す. ここで, Δ に含まれる δ 個の入力ペア (j,i) は $(1,1) < (1,2) < \cdots < (1,\delta_1) < (2,1) < \cdots < (k,\delta_k)$ の順で順序付けられていると仮定する.

ようやく主定理である定理 10.14 を示す準備が整った.

定理 10.14 の証明 計算量に関する一般的な結果である系 8.3 を用いる. この系では, 図 10.1 で示した逆探索の時間計算量が $O(\delta(t(\mathrm{Adj}) + t(f))|V|)$ であると述べている. 補題 10.15 と補題 10.16 から, $t(\mathrm{Adj})$ と $t(f)$ はともに $\mathrm{LP}(d,\delta)$ で置き換えられる. $f_0(P) = |V|$ であるので, 命題の時間計算量が得られる. 空間計算量は, 入力サイズに比例する関数 f と Adj の空間計算量に依存する. □

144   第 10 章 多面体の Minkowski 和

アルゴリズム 10.1 Minkowski 和を求める逆探索アルゴリズム

procedure MinkowskiAddition(Adj,$(\delta_1,\ldots,\delta_k)$, v^*,f);
$\quad$ $v := v^*$; $(j,i) := (1,0)$; (* (j,i): 近傍次数 *)
$\quad$ output v;
$\quad$ **repeat**
$\quad\quad$ **while** $(j,i) < (k,\delta_k)$ **do**
$\quad\quad\quad$ increment (j,i) by one;
(r1)$\quad\quad\quad$ $next := Adj(v,(j,i))$;
$\quad\quad\quad$ **if** $next \neq null$ **then**
(r2)$\quad\quad\quad\quad$ **if** $f(next) = v$ **then**$\quad$ (* 逆探索 *)
$\quad\quad\quad\quad\quad$ $v := next$;$(j,i) := (1,0)$;
$\quad\quad\quad\quad\quad$ output v
$\quad\quad\quad\quad$ **endif**
$\quad\quad\quad$ **endif**
$\quad\quad$ **endwhile**;
$\quad\quad$ **if** $v \neq v^*$ **then** (* 前方探索 *)
(f1)$\quad\quad\quad$ $u := v$;$\quad$ $v := f(v)$;
(f2)$\quad\quad\quad$ restore (j,i) such that $Adj(v,(j,i)) = u$
$\quad\quad$ **endif**
$\quad$ **until** $v = v^*$ and $(j,i) = (k,\delta_k)$.

第11章

多面体計算における問題還元

本章では，多面体計算における基本的な問題を扱う．組合せ最適化問題と同じように，難しい問題（典型的には NP-困難である問題）と簡単な問題を区別することは極めて難しい．ここでは2種類の難しい問題を紹介する．11.1 節では決定問題を紹介し，11.2 節では列挙問題を議論する．

11.1 多面体計算における難しい決定問題

多面体計算における決定問題のうち，線形計画問題と関連するものの難しいとわかっている2つの決定問題から始めよう．

$A \in \mathbb{Q}^{m \times d}$ と $b \in \mathbb{Q}^m$ において，$P_H(A, b)$ を H-多面体

$$P_H(A, b) := \{x \in \mathbb{R}^d : Ax \leq b\} \tag{11.1}$$

とし，$\mathcal{A}(A, b)$ をこれと関連する超平面アレンジメントとする．

$$\mathcal{A}(A, b) := \{h_1, \ldots, h_m\}, \tag{11.2}$$
$$h_i := \{x \in \mathbb{R}^d : A_i x = b_i\}. \tag{11.3}$$

問題 11.1 （多面体の最適頂点 (Optimal Vertex of a Polyhedron, **OVP**)）
入力：$A \in \mathbb{Q}^{m \times d}$, $b \in \mathbb{Q}^m$, $c \in \mathbb{Q}^d$, $K \in \mathbb{Q}$.
問題：$c^T v \geq K$ を満たす $P_H(A, b)$ の頂点 v は存在するか？

問題 11.2 （多面体の K-頂点 (K-Vertex of a Polyhedron, **KVP**)）
入力：$A \in \mathbb{Q}^{m \times d}$, $b \in \mathbb{Q}^m$, $c \in \mathbb{Q}^d$, $K \in \mathbb{Q}$.
問題：$c^T v = K$ を満たす $P_H(A, b)$ の頂点 v は存在するか？

146   第 11 章 多面体計算における問題還元

定理 11.3 ([31]) 決定問題 OVP と KVP はともに NP-完全 (NP-complete) である.

証明 2つの問題がともに NP に属することは明らかである. NP-完全性は, 強い意味で NP-完全と知られる次の問題から多項式時間変換 (polynomial time transformation) することで証明できる.

問題 11.4 (有向ハミルトンパス (Directed Hamiltonian Path, DHP))
入力:有向グラフ $G = (V, A)$ と 2つの相異なる頂点 $s, t \in V$.
問題:頂点 s から頂点 t への有向ハミルトンパスが G に存在するか?

有向グラフを $G = (V, A)$, $s \neq t \in V$ として, 頂点 x_{ij} を各有向辺 $(i, j) \in A$ と関連付ける.

$$\sum_{j|(i,j)\in A} x_{ij} - \sum_{j|(j,i)\in A} x_{ji} = 0, \qquad 各 i \in V - \{s, t\}, \tag{11.4}$$

$$\sum_{j|(s,j)\in A} x_{sj} - \sum_{j|(j,s)\in A} x_{js} = 1, \tag{11.5}$$

$$\sum_{j|(t,j)\in A} x_{tj} - \sum_{j|(j,t)\in A} x_{jt} = -1, \tag{11.6}$$

$$x_{ij} \geq 0, \qquad 各 (i, j) \in A \tag{11.7}$$

で与えられる多面体を $P(G)$ とする. これらの不等式の係数行列が完全単模 (totally unimodular) ([60, 命題 2.6, p. 542]) であることから, $P(G)$ は整数的である. したがって, $P(G)$ の端点 x は, G において s と t をつなぐ有向パス, 場合によっては閉路集合の特徴ベクトルである. 閉路 C が存在するとき, x はその閉路上のすべての有向辺に小さな $\epsilon > 0$ を加減することで得られる 2 点の凸結合となり, 矛盾である. したがって, x は s と t をつなぐ単純な有向パスの特徴ベクトルとなる. $P(G)$ の端点が G における s と t をつなぐ単純な有向パスの特徴ベクトルであると証明することで, これらすべてのパスが $P(G)$ の端点であることがわかる. したがって, これら 2 つの事実から, $K = |V| - 1$ かつ $c = 1$ であるとき, $P(G)$ における OVP と KVP 問題はともに強い意味で NP-完全であるとわかる. □

超平面アレンジメントの計算量について類似する結果がある.

問題 11.5 (超平面アレンジメントにおける最適頂点 (Optimal Vertex of an Arrangement, OVA))
入力：$A \in \mathbb{Q}^{m \times d}$, $b \in \mathbb{Q}^m$, $c \in \mathbb{Q}^d$, $K \in \mathbb{Q}$.
問題：$c^T v \geq K$ を満たす $\mathcal{A}(A, b)$ の頂点 v は存在するか？

問題 11.6 (超平面アレンジメントにおける K-頂点 (K-Vertex of an Arrangement, KVA))
入力：$A \in \mathbb{Q}^{m \times d}$, $b \in \mathbb{Q}^m$, $c \in \mathbb{Q}^d$, $K \in \mathbb{Q}$.
問題：$c^T v = K$ を満たす $\mathcal{A}(A, b)$ の頂点 v は存在するか？

定理 11.7 ([31]) 決定問題 OVA と KVA はともに NP-完全である.

証明 DHP の入力例を用意し, OVA と KVA に対応する入力例を次のように構成する. 各有向辺 $(i, j) \in A$ に変数 x_{ij} を関連付ける. $d := |A|$, $K := |V| - 1$, $c = \mathbf{1}$ として, 以下の超平面集合から生成されるアレンジメントを定義する.

$$H_i := \{x \in \mathbb{R}^d : \sum_{j|(i,j) \in A} x_{ij} - \sum_{j|(j,i) \in A} x_{ji} = 0\}, \quad \text{各 } i \in V - \{s, t\}, \quad (11.8)$$

$$H_s := \{x \in \mathbb{R}^d : \sum_{j|(s,j) \in A} x_{sj} - \sum_{j|(j,s) \in A} x_{js} = 1\}, \quad (11.9)$$

$$H_t := \{x \in \mathbb{R}^d : \sum_{j|(t,j) \in A} x_{tj} - \sum_{j|(j,t) \in A} x_{jt} = -1\}, \quad (11.10)$$

$$H_{ij} := \{x \in \mathbb{R}^d : x_{ij} = 0\}, \quad \text{各 } (i, j) \in A. \quad (11.11)$$

まず, DHP が「はい」と返すとき, OVA と KVA の対応する入力例も「はい」と返す. なぜなら, 任意の有向ハミルトンパスの特徴ベクトルは $|V|$ 個の超平面 H_i ($i \in V$) 上だけでなく, $i \neq j \in V$ における超平面 H_{ij} のうち $(|A| - (|V| - 1)) = |A| - |V| + 1$ 個の上にあるからである. $|V|$ 個の超平面集合 H_i ($i \in V$) の法線ベクトルの集合は線形独立ではないが, 任意の $(|V| - 1)$ 個の部分集合は線形独立である. したがって, G において s から t に到る任意

148 第 11 章 多面体計算における問題還元

の有向ハミルトンパスの特徴ベクトルを含む $(|A| - |V| + 1) + (|V| - 1) = |A|$ 個の線形独立な超平面が存在することから，後者は与えられた超平面の頂点となる.

ここで，構成された入力例の頂点 v で KVA と OVA が「はい」を返すと仮定する．入力例の超平面を $Mx = b$ として定義し，$|M|$ 個の等式を書く．行列 $[M, b]$ は完全単模（[60] 参照）であることはよく知られている．したがって，線形等式系を解く Cramer の法則から，超平面の任意の頂点の座標は $+1$, -1 または 0 のみとなる.

共通部分が v である超平面集合のうち，n 個の線形独立な超平面からなる集合を S とする．$\{H_i \mid i \in V\}$ の $|V|$ 個の超平面は線形独立ではないので，S に含まれるこれらの超平面の数は高々 $(|V| - 1)$ である．したがって，v の非ゼロの座標の数は高々 $(|V| - 1)$ である．$c = \mathbf{1}$ かつ $c^T v \geq K = (|V| - 1)$ より，v のちょうど $(|V| - 1)$ 個の座標は $(+1)$ であり，他はすべて (0) である．したがって，v は A の $(|V| - 1)$ の有向辺からなる集合 P の特徴ベクトルである．これは，KVA が「はい」を返すことと OVA が「はい」を返すことが同値であることを示唆している.

P が s から t への G 上の有向パスであるときは，これで終了である．それ以外の場合は，P が s から t へと到る G の有向パスと少なくとも 1 つの有向閉路 C を含む.

$$v'_{ij} = \begin{cases} 0 & (i,j) \in C \text{ のとき,} \\ v_{ij} & \text{それ以外のとき,} \end{cases} \quad \text{各 } (i,j) \in A \qquad (11.12)$$

で定義される $v' \in \mathbb{R}^n$ を考えると，$v' \neq v$ は S に含まれるすべての等式を満たすことになり矛盾する．これで証明を終了する． □

11.2 多面体計算における難しい列挙問題

$V \in \mathbb{Q}^{s \times d}$ と $R \in \mathbb{Q}^{t \times d}$ において，ペア (V, R) で表現される V-多面体を

$$P_V(V, R) := \{x : x = V\lambda + R\mu, \ \mathbf{1}^T \lambda = 1, \ \lambda \geq \mathbf{0}, \ \mu \geq \mathbf{0}\} \qquad (11.13)$$

と表す．次の決定問題は多面体計算において最も重要な問題である.

11.2 多面体計算における難しい列挙問題 149

問題 11.8 （多面体確認問題 (Polyhedral Verification Problem, PVP)）
入力：$A \in \mathbb{Q}^{m \times d}$, $b \in \mathbb{Q}^m$, $V \in \mathbb{Q}^{s \times d}$, $R \in \mathbb{Q}^{t \times d}$.
問題：$P_H(A, b) \neq P_V(V, R)$ か否か？

PVP が P に属するとき，第 8 章で扱った多面体表現変換問題 (polyhedral representation conversion problem)（多面体計算 FAQ [29] 参照）における出力–多項式時間アルゴリズムの存在を証明することは難しくない.

PVP が NP に属することはすぐにわかる．なぜなら，等号が成立しないとき，一方の多面体に含まれるがもう一方の多面体に含まれない点 x という簡単な証拠が存在するからである．残念なことに，PVP の計算量は未解明である. 決定問題 PVP は，Lovász [68] により提起されて以来，多くの研究者が取り組んできた問題である.

興味深い進展として，Khachiyan ら [45] による関連問題の NP-完全性がある.

問題 11.9 （非有界多面体における頂点列挙 (Vertex Enumeration for an Unbounded Polyhedron, VEU)）
入力：$A \in \mathbb{Q}^{m \times d}$, $b \in \mathbb{Q}^m$, $V \in \mathbb{Q}^{s \times d}$.
問題：H-多面体 $P_H(A, b)$ は V にない頂点を含むか？

定理 11.10 （[31]） 決定問題 VEU は NP-完全である.

証明（概略） 本問題が NP に属することは容易にわかる．なぜなら，答えが「はい」であるとき，V に含まれない頂点が少なくとも 1 つ存在するからである．NP-完全である問題からの還元を用いて証明する. □

問題 11.11 （負閉路列挙 (Negative Circuit Enumeration, NCE)）
入力：辺の重みが $w : E \to \mathbb{Q}$ である有向グラフ $G = (V, E)$ と G の負閉路集合 S.
問題：集合 S に含まれない負閉路が G に含まれるか？

負閉路 (negative circuit) とは，$\sum_{e \in C}$ の総和が負の有向閉路 $C \subset E$ である.

Khachiyan ら [45] は，SAT からの還元により NCE が NP-完全であることを示した．

第 12 章

ディオファントス近似と格子簡約

1.3.1項では，線形ディオファントス方程式を解く多項式時間アルゴリズムを示した．本章では，一定の精度で線形ディオファントス方程式の近似解を得る方法を議論する．本章は Grötschel, Lovász, Schrijver による "Geometric Algorithms and Combinatorial Optimization" [39, Chapter 5] に基づいている．

ここで議論する 2 つの最適化問題は，最近ベクトル問題 (closest vector problem) と最短ベクトル問題 (shortest vector problem) である．

12.1 ディオファントス近似

ディリクレの定理

ディオファントス近似問題 (Diophantine approximation problem) とは，与えられた有理数 a，正整数 N，正の有理数 ϵ に対して，$|a - a'| < \epsilon$ を満たす高々 N の分母の有理数 a' が存在するか否かを決定する問題である．

定理 12.1 (Dirichlet (1842)) 与えられた有理数 a と $0 < \epsilon < 1$ において，$1 \leq q \leq 1/\epsilon$ かつ $|qa - p| \leq \epsilon$ を満たす整数 p と q が存在する．

証明 [39] を参照せよ． □

任意の有理数 a において，定理 12.1 で必要となる整数 p と q を探す多項式時間アルゴリズムが存在する．このアルゴリズムでは連分数 (continued fraction) の概念と Euclid アルゴリズムが用いられていることを，本節で議論する．

与えられた有理数 $a_1, \ldots, a_n$，正整数 N，正の有理数 ϵ における連立ディオファントス近似問題 (simultaneous diophantine approximation problem) とは，

152　　第 12 章　ディオファントス近似と格子簡約

すべての i において $|qa_i - p_i| < \epsilon$ を満たす整数 $p_1, \ldots, p_n$ と正整数 $q \le N$ が存在するか否かを判定する問題である.

次の古典的な定理では, このような近似の存在に関する十分条件を提供する.

定理 12.2　(Dirichlet (1842))　与えられた実数 $a_1, \ldots, a_n$ と $0 < \epsilon < 1$ において, すべての i で $|qa_i - p_i| < \epsilon$ を満たす整数 $p_1, \ldots, p_n$ と正整数 $q \le \epsilon^{-n}$ が存在する.

証明　[39] を参照せよ.　　　　　　　　　　　　　　　　　　　　　　□

残念なことに, 定理 12.2 において既存の近似を探す連立ディオファントス近似問題の多項式時間アルゴリズムは知られていない. そこで, より弱い条件を満たす近似解を見つける多項式時間アルゴリズム (定理 12.12) を示そう. その際は, q の上限に関して, ϵ^{-n} の前に付加的要素 $2^{n(n+1)/4}$ を乗ずる必要がある.

連分数

a_0 を除いてすべて正である一連の整数 $a_0, a_1, \ldots, a_i, \ldots$ において,

$$a_0 + \cfrac{1}{a_1 + \cfrac{1}{a_2 + \cfrac{1}{\ddots \atop a_{i-1} + \cfrac{1}{a_i}}}} \tag{12.1}$$

は連分数 (continued fraction) とよばれ, $\langle a_0, a_1, \ldots, a_i \rangle$ と表す.

与えられた $a \in \mathbb{R}$ において,

$$a_0 := \lfloor a \rfloor, \qquad b_0 := a - \lfloor a \rfloor \tag{12.2}$$

$$a_i := \left\lfloor \frac{1}{b_{i-1}} \right\rfloor, \quad b_i := \frac{1}{b_{i-1}} - \left\lfloor \frac{1}{b_{i-1}} \right\rfloor \quad (b_{i-1} \ne 0 \text{ のとき}) \tag{12.3}$$

で定義される列 $a_0, a_1, a_2, a_3, \ldots$ を数 a の**連分数展開**とよぶ.

任意の $a \in \mathbb{Q}$ において, この連分数展開は有限列 $a_0, a_1, \ldots, a_k$ である. 1.3 節で述べた Euclid アルゴリズムを用いれば, この列を多項式時間で計算できる.

補題 12.3　$a \in \mathbb{Q}$ とし，この a の連分数展開を $a_0, a_1, a_2, \ldots$ とし，p_i/q_i を $\langle a_0, a_1, \ldots, a_i \rangle$ の（互いに素である）標準形とする．i を a_{i+1} が存在する奇数の添字とするとき，

(a) $\dfrac{p_i}{q_i} < a \le \dfrac{p_{i+1}}{q_{i+1}}$,

(b) $p_{i+1}\, q_i - p_i\, q_{i+1} = 1$

となる．

　ここで，若干の修正をして，Euclid のアルゴリズムを有理数 a と 1 のペアに適用する．行列の形で書くと，Euclid のアルゴリズムは下を満たす完全単模行列の有限列 $T^1, T^2, \ldots, T^k$，α_i $(i = 1, \ldots, k-1)$ と β_i $(i = 0, \ldots, k)$ を生成する．

$$[a, 1]\, T^1 = [\alpha_1, \beta_0 = 1],$$
$$[a, 1]\, T^2 = [\alpha_1, \beta_2],$$
$$\vdots$$
$$[a, 1]\, T^i = \begin{cases} [\alpha_i, \beta_{i-1}] & i \text{ が奇数のとき,} \\ [\alpha_{i-1}, \beta_i] & i \text{ が偶数のとき,} \end{cases}$$
$$\vdots$$
$$[a, 1]\, T^k = [0, \beta_{k-1}] \text{ または } [\alpha_{k-1}, 0].$$

2 列目と 1 との積を 1 列目から引くことでアルゴリズムを始めると仮定する．したがって，$a < 1$ のときも，$\beta_0 = 1$ となる．また，入れ替え操作は用いないので，ピボットは 1 列目と 2 列目とを交換するだけである．

定理 12.4　Euclid のアルゴリズムを $[a, 1]$ に適用して生成される単模行列 (unimodular matrix) T^i は

154 第 12 章 ディオファントス近似と格子簡約

$$
T^i = \begin{cases} \begin{bmatrix} q_i & -q_{i-1} \\ -p_i & p_{i-1} \end{bmatrix}, & i \text{ が奇数のとき}, \\[6mm] \begin{bmatrix} q_{i-1} & -q_i \\ -p_{i-1} & p_i \end{bmatrix}, & i \text{ が偶数のとき} \end{cases} \tag{12.4}
$$

を満たす．したがって，このアルゴリズムにより a の連分数展開が多項式時間
で生成される．最後は $q_k a - p_k = 0$ で終了する．

　ここで，任意の有理数 a と $0 < \epsilon < 1$ において，多項式アルゴリズムにより
定理 12.1 を構成的に証明する方法を示す．まず，a を連分数展開し，$q_i \le 1/\epsilon$
を満たす最大の添字 i を見つけ，$q := q_i$ とする．i が最後の添字であるとき，
p_i/q_i は a に一致する．一方で，i が最後の添字でないとき，補題 12.3 から

$$
\left| a - \frac{p_i}{q_i} \right| < \left| \frac{p_{i+1}}{q_{i+1}} - \frac{p_i}{q_i} \right| = \frac{|p_{i+1}\, q_i - p_i\, q_{i+1}|}{q_i\, q_{i+1}} = \frac{1}{q_i\, q_{i+1}} < \frac{\epsilon}{q_i}
$$

が得られる．

12.2　格子簡約

グラム・シュミット直交化

　$\mathbb{R}^n$ 上の順序付き基底 $B = (b_1, b_2, \ldots, b_n)$ において，グラム・シュミット直
交化 (Gram–Schmidt orthogonalization, GSO) とは，直交化基底 (orthogonal
basis) $B^* = (b_1^*, b_2^*, \ldots, b_n^*)$ を求める以下の手法である．

$$
\begin{aligned}
b_1^* &:= b_1, \\
b_i^* &:= b_i - \sum_{j=1}^{i-1} \frac{b_i^T b_j^*}{\left\| b_j^* \right\|^2} b_j^*, \quad i = 2, \ldots, n.
\end{aligned} \tag{12.5}
$$

$b_1, b_2, \ldots, b_n$ が有理数ベクトルであるとき，GSO の実行時間は入力サイズの多
項式関数でおさえられる．これは Gauss の消去法の解析（定理 1.4）と似てい
る．なぜなら，ベクトル b_i^* は入力ベクトル $b_1, b_2, \ldots, b_n$ で定義される線形方程
式の唯一の解であるからである．

補題 12.5 GSO により計算される順序付きベクトル $(b_1^*, b_2^*, \ldots, b_n^*)$ は以下の性質を満たす.

(a) $(b_1^*, b_2^*, \ldots, b_n^*)$ は各 i で $\|b_i^*\| \le \|b_i\|$ を満たす $\mathbb{R}^n$ 上の直交基底を構成.

(b) $\|b_1^*\| \|b_2^*\| \cdots \|b_n^*\| = |\det[b_1^*, b_2^*, \ldots, b_n^*]| = |\det[b_1, b_2, \ldots, b_n]|$.

(c) $i = 1, \ldots, n$ において $\mu_{ii} = 1$ を満たす μ_{ij} で $b_i = \sum_{j=1}^i \mu_{ij} b_j^*$ が成立.

ここで,GSO を格子に適用する.

補題 12.6 $\mathbb{R}^n$ 上の順序付き基底 $B = (b_1, \ldots, b_n)$ により生成される格子を $L(B)$ とし,この GSO により計算される直交基底を $(b_1^*, b_2^*, \ldots, b_n^*)$ とする. このとき,任意の格子点 $b \in L \setminus \{\mathbf{0}\}$ において,

$$\|b\| \ge \min\{\|b_1^*\|, \|b_2^*\|, \ldots, \|b_n^*\|\} \tag{12.6}$$

である.

証明 すべての条件が満たされていると仮定する. $L \setminus \{\mathbf{0}\}$ における任意の格子点を b とするとき,ある整数 λ_i において $b = \sum_{i=1}^n \lambda_i b_i$ となる. $\lambda_i \ne 0$ を満たす最大の添字 i を k とする. 補題 12.5 (c) から,$b = \sum_{i=1}^k \mu_i b_i^*$ を満たす μ_i が存在し,$\mu_k = \lambda_k$ は非ゼロの整数である. ここで,

$$\|b\|^2 = \sum_{i=1}^k \mu_i^2 \|b_i^*\|^2 \ge \mu_k^2 \|b_k^*\|^2 \ge \|b_k^*\|^2$$

が得られ,命題が証明された. $\square$

$B = (b_1, \ldots, b_n)$ により生成される格子における最短の非ゼロベクトルを見つける**最短ベクトル問題** (shortest vector problem) を思い出そう.

$$\min\{\|Bx\| : x \in \mathbb{Z}^n \setminus \{\mathbf{0}\}\}. \tag{12.7}$$

ここで,順序付き基底 B と $n \times n$ 行列 $[b_1, \ldots, b_n]$ を同一視する.

次の定理は最短ベクトルが存在する有界領域を与える.

定理 12.7 $\mathbb{R}^n$ 上の基底 $B = (b_1, \ldots, b_n)$ で生成される格子を $L(B)$ とし，値 $\alpha(B)$ を

$$\alpha(B) := \|b_1\| \, \|b_2\| \cdots \|b_n\| \tag{12.8}$$

と定義する．このとき，

$$\min\{\|Bx\| : |x_j| \leq \frac{\alpha(B)}{|\det(B)|}, \ \forall j, x \in \mathbb{Z}^n \setminus \{\mathbf{0}\}\} \tag{12.9}$$

の任意の解 x^0 において，ベクトル Bx^0 が格子 $L(B)$ における最短ベクトルである．

証明 格子 $L(B)$ における最短ベクトルを v とする．ある $x \in \mathbb{Z}^n$ で $v = Bx$ であるので，Cramer の法則から $x_j = \det(B_j)/\det(B)$ である．ただし，$B_j = [b_1, \ldots, b_{j-1}, v, b_{j+1}, \ldots, b_n]$ とする．Hadamard の不等式より，$|\det(B_j)| \leq \|b_1\| \cdots \|b_{j-1}\| \, \|v\| \, \|b_{j+1}\| \cdots \|b_n\|$ である．v は最短ベクトルであるので，$\|v\| \leq \|b_j\|$ であり，$|\det(B_j)| \leq \alpha(B)$ となる．したがって，$|x_j| \leq \alpha(B)/|\det(B)|$ である． $\square$

簡約基底と LLL アルゴリズム

1.3.2 項で学んだように，$|\det(B)|$ は全次元格子 L のすべての基底において同じ値をとる．この値を $\det L$ と表す．しかし，値 $\alpha(B)/|\det(B)|$ が比較的小さい意味で他の基底より「直交する」基底が存在する．定理 12.6 にあるように，この基底により，最短ベクトルを選択するためのより小さい領域を見つけることができる．GSO により格子の順序付き基底から計算される $\mathbb{R}^n$ の基底が，格子の順序付き基底とは限らないことに注意しよう．

以下の 2 つの条件が満たされるとき，全次元格子 L の順序付き基底 $B = [b_1, \ldots, b_n]$ を**簡約基底** (reduced basis) という．

$$|\mu_{ij}| \leq \frac{1}{2}, \quad \forall i, j, \ 0 \leq j < i \leq n, \tag{12.10}$$

$$\left\| b_{i+1}^* + \mu_{i+1,i} b_i^* \right\|^2 \geq \frac{3}{4} \|b_i^*\|^2, \quad \forall i = 1, \ldots, n. \tag{12.11}$$

ここで，$B^* = (b_1^*, b_2^*, \ldots, b_n^*)$ は GSO から計算される直交基底であり，μ_{ij} は

補題 12.5 で定義済みである.

1つ目の条件 (12.10) は, ベクトル $b_1, \ldots, b_n$ がほぼ直交であることを述べている. 2つ目の条件 (12.11) はあまり直感的ではない. b_i と b_{i+1} の順序を入れ替えると, ベクトル $(b_{i+1}^* + \mu_{i+1,i} b_i^*)$ は新しい b_i^* を表すと解釈できる. この条件は, 新しい b_i^* を短くし過ぎないことを述べている.

例 12.1 簡単な例を見よう. 図 12.1 に示す格子は, ランダムな 2×2 行列 $A = \begin{bmatrix} 46 & 48 \\ 48 & 23 \end{bmatrix}$ により生成される. *Mathematica 5.2* の関数 *LatticeReduce* で計算される簡約基底 (reduced basis) は $B = \begin{bmatrix} 2 & 50 \\ -25 & -2 \end{bmatrix}$ である. 値 $\alpha(A)$ は, 簡約基底の $\alpha(B)$ の約 2.83 倍の大きさである. 定理 12.7 における臨界値 $\frac{\alpha(B)}{|\det(B)|}$ は約 1.00722 である. このことから, $(2, -25)^T$ が最短ベクトルであると (図を見なくても) 容易に結論付けられる.

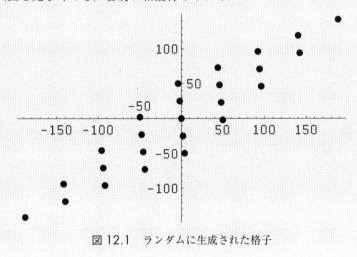

図 12.1　ランダムに生成された格子

次の定理は, 簡約基底に関する最も重要な性質を述べている.

定理 12.8　全次元格子 L の簡約基底を $B = (b_1, \ldots, b_n)$, この GSO による直交基底を $B^* = (b_1^*, b_2^*, \ldots, b_n^*)$ とするとき, 下が成り立つ.
(a) $\|b_{i+1}^*\|^2 \geq 1/2 \|b_i^*\|^2$.
(b) $\|b_1\| \leq 2^{(n-1)/4} (\det L)^{1/n}$.

158　第 12 章　ディオファントス近似と格子簡約

(c) $\|b_1\| \leq 2^{(n-1)/2} \min\{\|b\| : b \in L \setminus \{\mathbf{0}\}\}$.

(d) $\alpha(B) \leq 2^{n(n-1)/4} \det L$.

証明

(a) (12.11) より b_j^* は直交しているので,

$$\left\|b_{i+1}^* + \mu_{i+1,i} b_i^*\right\|^2 = \left\|b_{i+1}^*\right\|^2 + \mu_{i+1,i}^2 \left\|b_i^*\right\|^2 \geq 3/4 \left\|b_i^*\right\|^2$$

である. (12.10) より $\mu_{i+1,i}^2 \leq 1/4$ となるので, $\left\|b_{i+1}^*\right\|^2 \geq 1/2 \left\|b_i^*\right\|^2$ が得られる.

(b) (a) より $\|b_i^*\|^2 \geq 2^{-(i-1)} \|b_1^*\|^2 = 2^{-(i-1)} \|b_1\|^2$ である. 補題 12.5 (b) から,

$$\det L = \|b_1^*\| \|b_2^*\| \cdots \|b_n^*\| \geq \prod_{i=1}^{n} 2^{-(i-1)/2} \|b_1\| = 2^{-n(n-1)/4} \|b_1\|^n$$

が得られる. したがって, $\|b_1\| \leq 2^{(n-1)/4} (\det L)^{1/n}$ である.

(c) (b) の証明から, $\|b_i^*\| \geq 2^{-(n-1)/2} \|b_1\|$ である. 補題 12.6 より, L の任意の非ゼロベクトル b において,

$$\|b\| \geq \min\{\|b_1^*\|, \|b_2^*\|, \ldots, \|b_n^*\|\} \geq 2^{-(n-1)/2} \|b_1\|$$

である.

(d) (12.10) と (a) から, $(\mu_{ii} = 1)$ を満たす $b_i = \sum_{j=1}^{i} \mu_{ij} b_j^*$ であるので,

$$\begin{aligned}
\|b_i\|^2 = \sum_{j=1}^{i} \mu_{ij}^2 \left\|b_j^*\right\|^2 &\leq \|b_i^*\|^2 + \frac{1}{4} \sum_{j=1}^{i-1} \left\|b_j^*\right\|^2 \\
&\leq \|b_i^*\|^2 + \frac{1}{4} \sum_{j=1}^{i-1} 2^{i-j} \|b_i^*\|^2 \\
&\leq 2^{i-1} \|b_i^*\|^2 \tag{12.12}
\end{aligned}$$

である. $i = 1, \ldots, n$ においてすべての $\|b_i^*\|^2$ を掛け合わせ,

$$\begin{aligned}
\alpha(B)^2 &= \|b_1\|^2 \cdots \|b_n\|^2 \\
&\leq 2^{n(n-1)/2} \|b_1^*\|^2 \cdots \|b_n^*\|^2 = 2^{n(n-1)/2} (\det L)^2 \tag{12.13}
\end{aligned}$$

を得る. $\qquad\qquad\square$

定理 12.9 有理数正則行列 $A \in \mathbb{Q}^{n \times n}$ における格子 $L(A)$ の簡約基底 $B = (b_1, \ldots, b_n)$ を見つける多項式時間アルゴリズムが存在する.

定理 12.9 の証明はかなり技巧的なのでここでは紹介しないが,Lenstra, Lenstra, Lovász (1982) による多項式時間アルゴリズムを示す.

一般性を失うことなく,入力行列 A は整数行列であると仮定し $B := A$ とする.アルゴリズムは以下の 2 つの段階からなる.

(I) GSO を用いて B の直交基底 B^* を計算する.各 $i = 1, \ldots, n$ について (この順で) b_i を $b_i - \sum_{j=1}^{i-1} \lceil \mu_{ij} \rfloor b_j$ に置き換える.ただし,μ_{ij} は補題 12.5 で定義されたものであり,$\lceil x \rfloor$ は x に対する**最近接・最小整数** ((smaller) nearest integer) を表す.たとえば,$\lceil 2.5 \rfloor = 2$,$\lceil 2.51 \rfloor = 3$ である.$b_1, \ldots, b_{i-1}$ からなる任意の線形結合を b_i から減じても GSO の結果に何も影響がないことから,GSO 基底 B^* は変わらない.新しい μ_{ij} が $|\mu_{ij}| \le 1/2$,つまり,簡約基底 (12.10) の 1 つ目の条件を満たすことがわかる.

(II) 2 つ目の条件 (12.11) だけを考え,条件 (12.11) が満たされない任意の添字 i を見つける.このような添字が存在しなければ終了し,添字が存在する場合は,b_i と b_{i+1} を入れ替えて (I) に戻る.

このアルゴリズムが多項式時間で終了することが示される.

12.3 格子簡約の応用

定理 12.10 (固定次元における最短ベクトル) 定数 n において,有理数正則行列 $A \in \mathbb{Q}^{n \times n}$ における $L(A)$ の最短ベクトルを見つける多項式時間アルゴリズムがある.

証明 これは定理 12.7 と定理 12.9 から導かれる.つまり,簡約基底 B が計算されたら,すべての j において $|x_j| \le 2^{n(n-1)/4}$ を満たすすべてのベクトル $x \in \mathbb{Z}^n \setminus \{0\}$ を列挙し,$\|Bx\|$ の最小値を達成するベクトル Bx をとればよい.

$\qquad\qquad\square$

160　第 12 章　ディオファントス近似と格子簡約

定理 12.11（近似最近接ベクトル）　有理数正則行列 $A \in \mathbb{Q}^{n \times n}$ と有理数ベクトル $b \in \mathbb{Q}^n$ に対して，

$$\|b - y\| \leq 2^{(n/2)} \min(\{\|b - v\| : v \in L(A)\}) \tag{12.14}$$

を満たすベクトル $y \in L(A)$ を計算する多項式アルゴリズムがある．

証明　$A \in \mathbb{Q}^{n \times n}$，$b \in \mathbb{Q}^n$ とする．まず，$L(A)$ の簡約基底 $B = (b_1, \ldots, b_n)$ を探し，GSO 基底 $B^* = (b_1^*, b_2^*, \ldots, b_n^*)$ を計算する．このとき，

$$b - y = \sum_{i=1}^n \mu_i b_i^*, \quad |\mu_i| \leq \frac{1}{2}, \quad \forall i = 1, \ldots, n \tag{12.15}$$

を満たす格子ベクトル $y \in L(A)$ を見つける．そのため，B^* が基底であるという事実を用いて，ある λ^0 において $b = \sum_{i=1}^n \lambda_i^0 b_i^*$ である．このとき，$|\lambda_n^1| \leq 1/2$ を満たす λ^1 において，

$$b - \lceil \lambda_n^0 \rceil b_n = \sum_{i=1}^n \lambda_i^1 b_i^* \tag{12.16}$$

である．次に，両辺から $(n-1)$ 番目の要素，$\lceil \lambda_{n-1}^1 \rceil b_{n-1}$ を減じる．$i = n-1$，n においてこの操作を繰り返し，$|\lambda_i^2| \leq 1/2$ を満たす λ^2 が得られ，最終的に λ^n を得る．$y := \sum_{i=1}^n \lceil \lambda_i^{n-i} \rceil b_i$ と $\mu := \lambda^n$ とすることで，探している格子ベクトル y を得る．

　ここで，ベクトル y が条件 (12.14) を満たすことを示し，証明を終了する．$L(A) \setminus \{y\}$ の中の任意のベクトルを z とする．いくつかの ζ_i に関して $b - z = \sum_{i=1}^n \zeta_i b_i^*$ とかける．$\mu_i \neq \zeta_i$ を満たす最大の添字を k とする．y と z はともに格子点であるので，$z - y = \sum_{i=1}^k (\zeta_i - \mu_i) b_i^*$ もまた格子点である．したがって，補題 12.5 (c) から $(\zeta_k - \mu_k)$ は整数である．$|\mu_k| \leq 1/2$ より，$|\zeta_k| \geq 1/2$ である．したがって，

$$\|b - z\|^2 \geq \sum_{i=k+1}^n \zeta_i^2 \|b_i^*\|^2 + \frac{1}{4}\|b_k^*\|^2 = \sum_{i=k+1}^n \mu_i^2 \|b_i^*\|^2 + \frac{1}{4}\|b_k^*\|^2 \tag{12.17}$$

となる．一方で，

$$\|b - y\|^2 \leq \sum_{i=k+1}^{n} \mu_i^2 \|b_i^*\|^2 + \frac{1}{4} \sum_{i=1}^{k} \|b_i^*\|^2$$

$$\leq \sum_{i=k+1}^{n} \mu_i^2 \|b_i^*\|^2 + \frac{1}{4} \|b_k^*\|^2 \left(\sum_{i=1}^{k} 2^{k-i} \right) \quad \text{(定理 12.8 (a) から)}$$

$$< 2^k \|b - z\|^2 \leq 2^n \|b - z\|^2$$

である. □

定理 12.12 (連立ディオファントス近似) 有理数 $a_1, \ldots, a_n$ と $0 < \epsilon < 1$ において,

$$1 \leq q \leq 2^{n(n+1)/4} \epsilon^{-n}, \ |qa_i - p_i| < \epsilon, \ \forall i = 1, \ldots, n \tag{12.18}$$

を満たす整数 $p_1, \ldots, p_n$ と q を計算する多項式時間アルゴリズムがある.

証明 $a_1, \ldots, a_n$ を有理数とし, $0 < \epsilon < 1$ とする. $\mathbb{R}^{n+1}$ における i 番目の単位ベクトルを e_i とし, $a = (a_1, \ldots, a_n, 2^{-n(n+1)/4} \epsilon^{n+1})^T$ とする. $[e_1, e_2, \ldots, e_n, a]$ により生成される格子を L とするとき, $\det L = 2^{-n(n+1)/4} \epsilon^{n+1}$ となる. 多項式時間で L の簡約基底 $B = (b_1, \ldots, b_{n+1})$ を計算できる. 定理 12.8 (b) から

$$\|b_1\| \leq 2^{n/4} (\det L)^{1/(n+1)} = \epsilon \tag{12.19}$$

が得られる. ベクトル b_1 は整数 p_i と q を用いて $p_1 e_1 + \cdots + p_n e_n - qa$ と表せる. $\epsilon < 1$ より, $q \neq 0$ であり, $q > 0$ と仮定してよい. (12.19) より,

$$|p_i - qa_i| < \epsilon, \tag{12.20}$$

$$2^{-n(n+1)/4} \epsilon^{n+1} q \leq \epsilon, \ \text{つまり}, \ q \leq 2^{n(n+1)/4} \epsilon^{-n} \tag{12.21}$$

となる. □

この結果と Dirichlet の非構成的定理 (Dirichlet's non-constructive theorem) である定理 12.2 を比較してみよう. 特に, q の上限には非常に大きな係数 $2^{n(n+1)/4}$ があるが, 本定理は構成的で様々な応用に充分耐えうるものである.

付録

多面体計算の変遷

　多面体計算は，数学，科学，工学から社会科学に至るまでの幅広い分野において進化をとげ，洗練されてきた．最後に，著者が個人的に関わってきた様々なプロジェクトをいくつか紹介する．実際，これらのプロジェクトにより多面体計算が進展し，ソフトウエアも発展した．

1987–1992：第1ステージ　多面体表現を変換する第1世代のコードは，カット多面体，カット錐，巡回多面体といった多面体の組合せ構造を数学者が理解する目的で書かれたものである．関連する組合せ最適化問題が NP-困難であることから，これらの多面体のファセット不等式を決定することはかなり難しい．一方で，小さな例については V-表現から H-表現を計算して多くの新しいファセット不等式を見つけ，これらの不等式を用いて NP-困難である最適化問題に対するより強い LP 緩和を発見した．福田による 8.1 節で述べた二重記述アルゴリズムの最初の実装は，1988 年 1 月にリリースされ，プログラミング言語の Pascal を表す P を用いて PDD とよばれている．[19, 20] にあるように，Michel Deza と Monique Laurent によるカット多面体に関する初期の研究に PDD が貢献した．

1993–1996：重要な第2ステージ　当時，材料科学の研究で難しい計算が求められていた．1993 年に MIT の 2 人の物理学者 G. Ceder と G. D. Garbulsky から David Avis と福田に連絡があり，729 本の不等式で与えられる 8 次元の大きく退化した多面体のすべての頂点を列挙する計算に関する支援要請があった．多面体の頂点は三元合金の物理的な安定状態を表す．Avis は 8.2 節で与えた逆探索アルゴリズムを RS（後の LRS に同じ）として C 言語で実装し，福田は既存のコード PDD の C 言語版を CDD として実装し，

約 1 か月後についに結果を得た．異なるアルゴリズムに基づく 2 つの実装により計算された最終結果が同一であることが明らかになり，深く感動した．この計算の成功は 4 人による文献 [14] としてまとめられた．

　同じ時期に，スタンフォード大学の**筋神経系の研究室**に所属していた博士課程の学生 Francisco Valero から福田に連絡があった．人間の筋肉に多面体計算が適用できることは想定外であり，福田は Valero が開発したアプリケーションに大変驚いた．1994 年 5 月に Valero がそのアプリケーションについて述べた電子メールにはこう書かれている．

　　私が作成したアプリケーションは力の上限がある指の筋肉（つまり，各指の筋肉にゼロから筋力の最大値を設定）に関するものです．アプリケーションでは，筋肉の数に等しい次元に超立方体を定義します．他の機械的，機能的あるいは解剖学的な特徴から制約式（ある方向の指の力をゼロにする必要性，指のサイズや配置など）が導かれます．頂点列挙のテクニックにより，これらの制約式のもとで筋力の限界を調べることができます．

それ以来，Valero は**生物医学**とバイオメカニクスの分野で計算幾何学を活用しており，文献 [47] では多面体の頂点列挙を用いて**筋肉の解析**を行なっている．

　ソフトウエア開発の最前線では，CDD の新しい C++版である CDD+が 1995 年 4 月にリリースされた．この版では，GMP [1] を用いて，浮動小数点とともに有理数の厳密な演算が可能である．

1997–2007：多面体計算ライブラリの進展　同時期に，C-ライブラリ CDDLIB と LRSLIB の開発においてさらなる進展があった．これらはそれぞれ，Fukuda [27] と Avis [3] による CDD と LRS に基づくソフトウエアである．これらのライブラリは他のプログラムに統合されている．

　CDDLIB の **R-インターフェイス**は，ミネソタ大学の統計学者 Charles Geyer が書いたもので，http://www.stat.umn.edu/~charlie/ から利用可能である．

　Rahul Savani が LRSLIB を用いて書いた双行列ゲームのナッシュ均衡を計算するウェブページは，下記で利用可能である．http://banach.lse.

ac.uk/form.html

パラメトリック最適化が強化されている制御理論研究のための Matlab ツールボックスは，ETH チューリッヒの力学系および制御系のグループに所属する研究者により書かれた，CDDLIB へのインターフェース CDDMEX で，下記で利用可能である．http://control.ee.ethz.ch/research/software.en.html

CDDLIB への Python によるインターフェース PYPOLYHEDRON は Pearu Peterson が書いたものである．2007 年に「私はマルチソリトンの相互作用を分析するために使っています．計算幾何学でいうと，$(N+1)$ 次元空間で特別な多面体を構成し，これを N 次元空間に射影し，2 次元超平面との共通部分を探すことになります.」と彼からメールがあった．これについては下記で利用可能である．http://cens.ioc.ee/projects/polyhedron/

Polymake は主に数学者が多面体計算および代数計算をするプラットフォームであり，その核となる 2 つのエンジンは CDDLIB と LRSLIB である．Polymake は下記で利用可能である．http://www.polymake.org/doku.php

TOPCOM [63] は点配置の三角形分割と有向マトロイドを計算するパッケージであり，CDDLIB の LP コードを用いて正則三角形分割を行う.

Minksum [http://www.cs.dartmouth.edu/~weibel/minksum.php] は，V-表現で与えられた複数の凸多面体の Minkowski 和の V-表現（頂点集合）を計算するプログラムで，10.2.3 項で与えた逆探索アルゴリズムを C++言語で実装したものである．その時間計算量は入力サイズおよび出力サイズに関する多項式関数で上からおさえられる．本実装の信頼性は CDDLIB にある厳密な LP ソルバーに依存する.

Gfan [42] は，生成多項式の集合で与えられる一般の多項式イデアルについてすべての Gröbner 基底を列挙するプログラムで，逆探索アルゴリズム [30] を C++言語で実装したものである．本実装の信頼性も CDDLIB にある厳密な LP ソルバーに依存する.

2004–2011：アプリケーションの拡張　10.2 節で紹介した多面体の Minkowski 和のアプリケーションは，J. P. Petit の博士論文 [61] において 2004 年に示されたもので，6 次元凸多面体の数学モデルを用いて航空機の機体デザ

インおよび製造における計算機支援について書かれている.

多面体モデルは機体が壊れないための耐性の計算に関して Cecil Armstrong に指導を受けたクイーンズ大学ベルファストの博士研究で紹介されていた. 重要な問題は, あらゆる負荷に対して臨界点となる航空機の部品を見極めることにある. 本問題は, 7.2 節の主題であった線形不等式系における冗長性の排除という問題に還元される.

国連の平和維持活動の効果を分析するうえで, 高次元分析を用いることの危険が政治学者による文献 [64] で指摘されている. これは, 福田を含む計算幾何学の研究者数名が高次元空間における直感に反する事実を紹介した後のことである. 特に, 高次元の頂点により表現された過去の事例からなる比較的小さい集合から将来の効果を予測するうえで深刻なのは, 新しい頂点が過去のデータである頂点集合の凸包から遠く離れた場所にあることが多く, 高い確率で根拠のない外挿（補外）が起こる可能性が高いことである. つまり, 信頼性に問題を抱えている.

これから　過去 38 年にわたる福田と多面体計算との関わりから, 信頼性がありかつ効率のよい多面体計算のコードが利用可能になれば, 科学, 工学, 人文科学, さらには芸術といった様々な分野から新しいユーザーが現れるであろうと期待される. 本書執筆の主な目的は, 多面体の基本理論および多面体に関連する基本的な計算問題とその解法として最も計算効率の良いアルゴリズムを紹介することにある. 研究者が多面体理論とその計算コードに容易にアクセスできれば, 興味深い応用が今後も生まれるはずだと信じている. なぜなら, 凸多面体はありとあらゆる場所で陰に陽に登場するからである.

演習問題の解答

演習問題 1.1 （有理数）

2 つの有理数を $r = r_1/r_2$ と $s = s_1/s_2$ とする.

1. $r \times s = \frac{r_1 s_1}{r_2 s_2}$ より,

$$
\begin{aligned}
\mathrm{size}(r \times s) &< 1 + \lceil \log(|r_1 s_1| + 1) \rceil + \lceil \log(|r_2 s_2| + 1) \rceil \\
&\leq 1 + \lceil \log((|r_1| + 1)(|s_1| + 1)) \rceil + \lceil \log((|r_2| + 1)(|s_2| + 1)) \rceil \\
&\leq 2 + \lceil \log(|r_1| + 1) \rceil + \lceil \log(|s_1| + 1) \rceil \\
&\quad + \lceil \log(|r_2| + 1) \rceil + \lceil \log(|s_2| + 1) \rceil \\
&= \mathrm{size}(r) + \mathrm{size}(s).
\end{aligned}
$$

2. $r + s = \frac{r_1 s_2 + s_1 r_2}{r_2 s_2}$ より,

$$
\begin{aligned}
\mathrm{size}(r + s) &\leq 1 + \lceil \log(|r_1 s_2 + s_1 r_2| + 1) \rceil + \lceil \log(|r_2 s_2| + 1) \rceil \\
&\leq 1 + \lceil \log(|r_1 s_2| + |s_1 r_2| + 1) \rceil \\
&\quad + \lceil \log(|r_2| + 1) \rceil + \lceil \log(|s_2| + 1) \rceil \\
&\leq 1 + \lceil \log((|r_1 s_2| + 1)(|s_1 r_2| + 1)) \rceil \\
&\quad + \lceil \log(|r_2| + 1) \rceil + \lceil \log(|s_2| + 1) \rceil \\
&\leq 1 + \lceil \log(|r_1| + 1) \rceil + 2\lceil \log(|s_2| + 1) \rceil \\
&\quad + \lceil \log(|s_1| + 1) \rceil + 2\lceil \log(|r_2| + 1) \rceil \\
&< 2(\mathrm{size}(r) + \mathrm{size}(s)).
\end{aligned}
$$

演習問題 1.2 （行列サイズ）

$s < k,\, r \leq k$ として, $\hat{a}_{rs}$ を上からおさえる. 2 つの等式

$$
\det(\widehat{A}_{K,K}) = \hat{a}_{rr} \cdot \det(\widehat{A}_{K\setminus\{r\},K\setminus\{r\}})
$$
$$
\det(\widehat{A}_{K,K\setminus\{r\}\cup\{s\}}) = \hat{a}_{rs} \cdot \det(\widehat{A}_{K\setminus\{r\},K\setminus\{r\}})
$$

から

$$
\begin{aligned}
\hat{a}_{rs} &= \frac{\det(\widehat{A}_{K,K\setminus\{r\}\cup\{s\}})}{\det(\widehat{A}_{K,K})} \cdot \hat{a}_{rr} \\
&= \frac{\det(A_{K,K\setminus\{r\}\cup\{s\}})}{\det(A_{K,K})} \cdot \hat{a}_{rr}
\end{aligned}
$$

168   演習問題の解答

が得られる. したがって,

$$\text{size}(\hat{a}_{rs}) \leq \text{size}\left(\frac{\det(A_{K,K\setminus\{r\}\cup\{s\}})}{\det(A_{K,K})}\right) + \text{size}(\hat{a}_{rr})$$

となる. 第1項は, 定理 1.1 より 4Δ より小さく, 第2項は, $r > k$ のとき $\text{size}(\hat{a}_{rs}) < 4\Delta$ であることから, $\text{size}(\hat{a}_{rr}) < 4\Delta$ より小さい.

演習問題 1.3 (Euclid のアルゴリズム)

i 回の繰り返しで現れる2つの正整数を $a_i > b_i$ とする. $a_{i+1} = b_i$ かつ $b_{i+1} = a_i - \lfloor a_i / b_i \rfloor b_i$ である.

1. i 回の繰り返しにおいて, (a_i, b_i) と (a_{i+1}, b_{i+1}) の公約数の集合は等しい. 次に, $a_{i+1} = b_i < a_i$ かつ $b_{i+1} < b_i$ より, $\max(a_i, b_i)$ は繰り返しのたびに減少する. a_i と b_i は非負のままであることから, k 回目の繰り返しで $a_k \geq 1$ かつ $b_k = 0$ に到達する. 公約数の集合は同じであることから, a_k が (a, b) の最大公約数となる.

2. $b_{i+1} < a_i/2$ と $a_{i+1} = b_i$ である. つまり, $\text{size}(a_{i+1}) + \text{size}(b_{i+1})$ が $\text{size}(a_i) + \text{size}(b_i)$ より真に小さいことから, 各繰り返しにおいて $\text{size}(a) + \text{size}(b)$ は一定である. したがって, Euclid のアルゴリズムの算術演算数は $O(\text{size}(a))$ で, これは漸近的に $O(\log a)$ と同じである. 生成される数の最大サイズは入力サイズに対して線形であるので, Euclid のアルゴリズムは多項式時間で動作する.

演習問題 1.4 (Hermite 標準形)

$$A = \begin{bmatrix} -4 & 6 & -6 & -6 \\ 6 & -3 & -9 & -3 \\ 4 & -3 & 9 & -3 \end{bmatrix}.$$

1. 1行目に適用すると,

$$A_1 := AT_1 = A\begin{bmatrix} 1 & -3 & 3 & 3 \\ 1 & -2 & 3 & 3 \\ 0 & 0 & 1 & 0 \\ 0 & 0 & 0 & 1 \end{bmatrix} = \begin{bmatrix} 2 & 0 & 0 & 0 \\ 3 & -12 & 0 & 6 \\ 1 & -6 & 12 & 0 \end{bmatrix}$$

となり, 続いて2行目にも適用すると,

$$A_2 := A_1T_2 = A_1\begin{bmatrix} 1 & 0 & 0 & 0 \\ 0 & 0 & 0 & 1 \\ 0 & 0 & 1 & 0 \\ 0 & 1 & 0 & 2 \end{bmatrix} = \begin{bmatrix} 2 & 0 & 0 & 0 \\ 3 & 6 & 0 & 0 \\ 1 & 0 & 12 & -6 \end{bmatrix}$$

となる. よって,

$$\begin{bmatrix} B & \mathbf{0} \end{bmatrix} := A_2 T_3 = A_2 \begin{bmatrix} 1 & 0 & 0 & 0 \\ 0 & 1 & 0 & 0 \\ 0 & 0 & 0 & 1 \\ 0 & 0 & -1 & 2 \end{bmatrix} = \begin{bmatrix} 2 & 0 & 0 & 0 \\ 3 & 6 & 0 & 0 \\ 1 & 0 & 6 & 0 \end{bmatrix}$$

が得られる．Hermite 標準形 $\begin{bmatrix} B & \mathbf{0} \end{bmatrix}$ は一意に定まる．行列 B は正則かつ非負の下三角行列で，すべての行 i と列 $j < i$ において，$b_{ii} > 0$ かつ $b_{ij} < b_{ii}$ である．

2. 下三角行列の逆行列もまた下三角であるので，B の逆行列

$$B^{-1} = \begin{bmatrix} \frac{1}{2} & 0 & 0 \\ -\frac{1}{4} & \frac{1}{6} & 0 \\ -\frac{1}{12} & 0 & \frac{1}{6} \end{bmatrix}$$

は計算できる．方程式系の可解性を調べるため，

$$B^{-1}b = \begin{bmatrix} \frac{1}{2} & 0 & 0 \\ -\frac{1}{4} & \frac{1}{6} & 0 \\ -\frac{1}{12} & 0 & \frac{1}{6} \end{bmatrix} \begin{bmatrix} 0 \\ 12 \\ 18 \end{bmatrix} = \begin{bmatrix} 0 \\ 2 \\ 3 \end{bmatrix},$$

$$B^{-1}b' = \begin{bmatrix} \frac{1}{2} & 0 & 0 \\ -\frac{1}{4} & \frac{1}{6} & 0 \\ -\frac{1}{12} & 0 & \frac{1}{6} \end{bmatrix} \begin{bmatrix} 4 \\ 6 \\ 3 \end{bmatrix} = \begin{bmatrix} 2 \\ 0 \\ \frac{1}{6} \end{bmatrix}$$

を計算する．整数解をゆるす唯一の方程式系は $Ax = b$ である．さらに，

$$z = \begin{bmatrix} -\frac{1}{12} \\ 0 \\ \frac{1}{6} \end{bmatrix}$$

が非可解性を示す証拠である．系 1.6 によると，$z^T A =$ が整数で，$z^T b$ が分数である任意の有理数ベクトル z の存在が非可解性を証明する．

3. 変換行列は

$$T := T_1 T_2 T_3 = \begin{bmatrix} 1 & 3 & -3 & 9 \\ 1 & 3 & -4 & 1 \\ 0 & 0 & 0 & 1 \\ 0 & 1 & -2 & 4 \end{bmatrix}$$

である．

4. z が $\mathbb{Z}^{n-m}$ 上の整数ベクトルであるとき，

$$x = T \begin{bmatrix} B^{-1}b \\ z \end{bmatrix} = \begin{bmatrix} -3 + 9z \\ -6 + 11z \\ z \\ -4 + 4z \end{bmatrix}$$

170   演習問題の解答

は方程式系 $Ax = b$ の解である.

演習問題 1.5 （格子基底）

1. B の列で $L(A)$ の基底を構成するので，B' の各列を B の列の整数の線形結合
   として表せる．つまり，ある整数行列 $T \in \mathbb{R}^{m \times m}$ に対して $B' = BT$ である．
   $|\det(B')|$ は $|\det(B)| \cdot |\det(T)|$ に等しく，B と B' は正則であるので，絶対値
   $|\det(T)|$ は非ゼロである．T は整数行列であるので，行列式 $\det(T)$ も整数であ
   り，$|\det(T)| \geq 1$ である．したがって，不等式 $|\det(B)| \leq |\det(B')|$ となる．

2. 1. から十分性が与えられる．B' が基底であると仮定し，B と B' の列が格子
   の点を表すことを見る．(a) を 2 度適用することで $|\det(B)| \leq |\det(B')|$ と
   $|\det(B')| \leq |\det(B)|$ が導かれる．必要性については，$|\det(B)| = |\det(B')|$ を
   仮定し，整数行列 T に対して $B' = BT$ であった．したがって，$|\det(T)| = 1$,
   つまり行列 T は単模である．単模行列の逆行列はまた単模であるので，T^{-1} は
   $|\det(T^{-1})| = 1$ を満たす整数行列である．$B = B'T^{-1}$ より，基底 B は B' の列
   の整数の線形結合として表される．つまり，B' は基底である.

演習問題 2.1 （Fourier–Motzkin 消去）

1. 十分条件の証明については議論しない．必要条件において，$A'x' \leq b'$ を満たす
   $x' \in \mathbb{R}^{n-1}$ が存在すると仮定する．このとき，$x := (x', x_n)^T$ が $Ax \leq b$ を満た
   す実数 x_n が存在することを示す．等式系 $A'x' \leq b'$ は

$$g_j(x') \leq f_i(x'), \quad \forall(i,j) \in I^+ \times I^-,$$
$$h_k(x') \leq 0, \qquad \forall k \in I^0$$

と書ける．不等式 $\max_{j \in I^-} g_j(x') \leq \min_{i \in I^+} f_i(x')$ が成立する．これら 2 つの値の間に
x_n をとると，

$$x_n \leq f_i(x'), \quad \forall i \in I^+,$$
$$g_j(x') \leq x_n, \qquad \forall j \in I^-,$$
$$h_k(x') \leq 0, \qquad \forall k \in I^0$$

が成立する．つまり，ベクトル $x := (x', x_n)^T$ は $Ax \leq b$ を満たす.

2. 1. で見た通り，Fourier–Motzkin 消去では実行可能性 (feasibility) が保たれる.

演習問題 2.2   171

$$\begin{bmatrix} 1 & 1 \\ 2 & 1 \\ 3 & 1 \\ 4 & -1 \\ -5 & -1 \end{bmatrix} \begin{bmatrix} x_1 \\ x_2 \end{bmatrix} \leq \begin{bmatrix} 4 \\ 5 \\ 6 \\ 0 \\ -8 \end{bmatrix} \Leftrightarrow \begin{bmatrix} 5 \\ 6 \\ 7 \\ -1 \end{bmatrix} \begin{bmatrix} x_1 \end{bmatrix} \leq \begin{bmatrix} 4 \\ 5 \\ 6 \\ -1 \end{bmatrix}$$

$$\Leftrightarrow \mathbf{0} \leq \begin{bmatrix} -\frac{1}{5} \\ -\frac{1}{6} \\ -\frac{1}{7} \end{bmatrix} \longrightarrow \text{実行不可能}$$

$$\begin{bmatrix} 1 & 1 \\ -1 & 1 \\ 4 & 2 \\ -3 & -1 \\ 3 & -1 \end{bmatrix} \begin{bmatrix} x_1 \\ x_2 \end{bmatrix} \leq \begin{bmatrix} 5 \\ -1 \\ 17 \\ -11 \\ 8 \end{bmatrix} \Leftrightarrow \begin{bmatrix} -1 \\ -2 \\ 4 \\ 2 \\ 10 \end{bmatrix} \begin{bmatrix} x_1 \end{bmatrix} \leq \begin{bmatrix} -3 \\ -5 \\ 13 \\ 7 \\ 33 \end{bmatrix}$$

$$\Leftrightarrow \mathbf{0} \leq \begin{bmatrix} 1 \\ 3 \\ 2 \\ 7 \end{bmatrix} \longrightarrow \text{実行可能}$$

演習問題 2.2 （Farkas の補題）

任意の行列およびベクトルをそれぞれ $A \in \mathbb{R}^{m \times n}$, $b \in \mathbb{R}^m$ とする．Farkas の補題は

$$\exists x \in \mathbb{R}^n : Ax = b,\ x \geq \mathbf{0}$$
$$\Updownarrow$$
$$\nexists z \in \mathbb{R}^m \cdot z^T A \geq \mathbf{0},\ z^T b < 0$$

である．前者は

$$\exists x \in \mathbb{R}^n : \begin{bmatrix} A \\ -A \\ -I \end{bmatrix} x \leq \begin{bmatrix} b \\ -b \\ \mathbf{0} \end{bmatrix} \tag{S.1}$$

と書き換えられる．Gale の定理から，(S.1) と

$$\nexists y \in \mathbb{R}^{2m+n} : y \geq \mathbf{0},\ y^T \begin{bmatrix} A \\ -A \\ -I \end{bmatrix} = \mathbf{0},\ y^T \begin{bmatrix} b \\ -b \\ \mathbf{0} \end{bmatrix} < 0 \tag{S.2}$$

は同値である．変数 y を，$y_1, y_2 \in \mathbb{R}^m$ かつ $y_3 \in \mathbb{R}^n$ を満たす $y = (y_1, y_2, y_3)^T$ へと 3 分割する．$z := y_1 - y_2$ とすると，(S.2) は

$$\nexists z \in \mathbb{R}^m : z^T A \leq \mathbf{0} \text{ かつ } z^T b < 0$$

172   演習問題の解答

と同値である.

演習問題 2.3 (Helly の定理)

帰納法により証明する. $h \leq d+1$ のとき, 定理の成立は自明である. そこで, $h \geq d+2$ として, $D_i = \bigcap_{j \neq i} C_j$ を考える. $D_i = \emptyset$ を満たす添字 i が存在するとき, 帰納法の仮定から命題は成立する. したがって, 任意の $i = \{1, 2, \ldots, h\}$ において $D_i \neq \emptyset$ と仮定する.

任意の $d_i \in D_i$ をとる. Radon の定理から, $\mathrm{conv}(S_1) \cap \mathrm{conv}(S_2) \neq \emptyset$ である集合 $\{d_1, d_2, \ldots, d_h\}$ の分割 $S_1 \cup S_2$ が存在する. $p \in \mathrm{conv}(S_1) \cap \mathrm{conv}(S_2)$ かつ $I = \{i \in \{1, 2, \ldots, h\} : d_i \in S_1\}$ とする. このとき, 任意の $k \in \{1, 2, \ldots, h\}$ において,

$$p \in \mathrm{conv}(S_1) \cap \mathrm{conv}(S_2) = \mathrm{conv}(D_i, i \in I) \cap \mathrm{conv}(D_i, i \in \{1, 2, \ldots, h\} \setminus I)$$
$$\subseteq \mathrm{conv}(C_k) = C_k$$

となり, 仮定 $\bigcap_{i \in \{1, 2, \ldots, h\}} C_i = \emptyset$ に矛盾する.

演習問題 2.4 (多面集合における Minkowski–Weyl の定理)

本書で証明した斉次版の定理を用いて, 多面集合における Minkowski–Weyl の定理を証明する.

まず, 多面集合 $P \subseteq \mathbb{R}^n$ を境界となる超平面 (bounding hyperplane) の形式 $P = \{x : Ax \leq b\}$ で与え,

$$\hat{P} = \left\{ \begin{bmatrix} x \\ y \end{bmatrix} : \begin{bmatrix} A & -b \\ 0 \cdots 0 & -1 \end{bmatrix} \begin{bmatrix} x \\ y \end{bmatrix} \leq \mathbf{0} \right\}$$

とする. 定理 2.10 より,

$$\hat{P} = \left\{ \begin{bmatrix} x \\ y \end{bmatrix} : \begin{bmatrix} x \\ y \end{bmatrix} = \hat{R}\lambda, \ \lambda \geq \mathbf{0} \right\}$$

を満たす行列 $\hat{R} \in \mathbb{R}^{(n+1) \times t}$ が存在する. $\hat{P}$ の任意の $\begin{bmatrix} x & y \end{bmatrix}^T$ において $y \geq 0$ が成り立つので, $\hat{R}$ の最後の行は非負でなければならない. 一般性を失うことなく, 最後の行の各要素が 1 または 0 であると仮定できる. 最後の要素が 1 である $\hat{R}$ の列の集合を $\hat{V}$ とする. $\hat{V}$ の最後の行を削除して, 行列 V を得る. 最後の要素が 0 である $\hat{R}$ の列からなる行列を $\hat{U}$ とする. 最後の行を削除し, U を得る. $x \in P$ と $\begin{bmatrix} x & 1 \end{bmatrix}^T \in \hat{P}$ は同値であることから,

$$P = \left\{ x : x = V\mu + U\lambda, \ \mu \geq \mathbf{0}, \ \lambda \geq \mathbf{0} \ \text{かつ} \ \mathbf{1}^T \mu = 1 \right\}$$

を得る.

次に，P は有限生成である，つまり $P = \{x : x = V\mu + U\lambda,\ \mu \geq \mathbf{0},\ \lambda \geq \mathbf{0}$ かつ $\mathbf{1}^T\mu = 1\}$ と仮定する．

$$\hat{P} = \left\{ \begin{bmatrix} x \\ y \end{bmatrix} : \begin{bmatrix} V & U \\ 1\cdots 1 & 0\cdots 0 \end{bmatrix} \begin{bmatrix} \mu \\ \lambda \end{bmatrix},\ \mu \geq \mathbf{0}\ \text{かつ}\ \lambda \geq \mathbf{0} \right\}$$

とする．定理 2.10 を適用すると，

$$\hat{P} = \left\{ \begin{bmatrix} x \\ y \end{bmatrix} : \hat{A} \begin{bmatrix} x \\ y \end{bmatrix} \leq \mathbf{0} \right\}$$

が得られる．$P = \{x : \begin{bmatrix} x & 1 \end{bmatrix}^T \in \hat{P}\}$ より，この多面体は $P = \{x : Ax \leq b\}$ と書ける．ただし，A は $\hat{A}$ の最初の n 列であり，b は $\hat{A}$ の最後の列とする．

演習問題 2.5 （尖状錐）

任意の尖状錐を $P = \{x : Ax \leq \mathbf{0}\}$ とし，$c^T := -\mathbf{1}^T A$ とする．P が尖状であるので，等式系 $Ax = \mathbf{0}$ の唯一の解が自明に定まる．別の言い方をすれば，P の非ゼロである任意の x において $(Ax)_i < 0$ が成り立つ添字 i が存在する一方で，他の各 j では $(Ax)_j \leq 0$ が成り立つ．したがって，P の非ゼロである各 x において $c^T x = -\mathbf{1}^T Ax > 0$ となる．

演習問題 3.1 （Hilbert 基底）

任意の座標軸に 2 つの極小な Hilbert 基底があることはすぐにわかる．

尖状でない任意の有理錐を $P = \{x : Ax \leq \mathbf{0}\}$ とすると，$Az = 0$ を満たす非ゼロの z が少なくとも 1 つ存在し，整数の z が存在する．

任意の Hilbert 基底 B は $Ab_i = 0$ を満たすベクトル b_i を含む．簡単のため，$Az = 0$ を満たす任意の整数の z を考える．この z が非負整数結合 $z = \sum_{b_j \in B} \gamma_j b_j$ として表現できることから，$\sum_{b_j \in B} \gamma_j Ab_j = 0$ が得られる．厳密に正である γ_j が存在し，すべての b_j において $Ab_j \leq 0$ であるので，$Ab_i = 0$ を満たす b_i が少なくとも 1 つ存在する．したがって，$-b_i$ も同様に P に含まれる．

次に，以下を満たす非負整数係数 λ_j が存在する，

$$-b_i = \sum_{b_j \in B} \lambda_j b_j.$$

$b_i' = (\lambda_i + 2)b_i$ が別の Hilbert 基底ベクトルであるとき，$B' = B\backslash\{b_i\} \cup \{b_i'\}$ を示す．b_i を B' のベクトルの非負線形結合として表せば十分である．

$$b_i = b_i' - (\lambda_i + 1)b_i = b_i' + \sum_{b_j \in B'\backslash\{b_i'\}} \lambda_j b_j.$$

最後に，B が極小 Hilbert 基底であるとき，B' もまた極小である．B' が極小ではな

174 演習問題の解答

い，つまり $B' \backslash \{b_k\}$ が Hilbert 基底となる基底ベクトル b_k が存在すると仮定して，矛盾を導く．このとき，b_k は非負整数結合

$$b_k = \sum_{b_j \in B' \backslash \{b_k\}} \delta_j b_j$$

として書ける．$k = i$ と $k \neq i$ の 2 つの場合を考える．$k = i$ のとき，$b_k = b'_i = (\lambda_i + 2) b_i$，恒等式 $B' \backslash \{b_k\} = B \backslash \{b_i\}$ と $-b_i = \sum_{b_j \in B} \lambda_j b_j$ を用いて

$$b_i = \sum_{b_j \in B \backslash \{b_i\}} \delta_j b_j - (\lambda_i + 1) b_i = \sum_{b_j \in B \backslash \{b_i\}} (\delta_j + \lambda_j) b_j$$

が得られる．基底 B が極小でないので，矛盾が成立する．$k \neq i$ のときの証明については読者にゆずる．

演習問題 3.2 （Hilbert 基底のサイズの下界）

$C = \text{cone}(\{a_1, a_2, \ldots, a_n\})$ は $\mathbb{Z}^n$ 上の n 本の線形独立なベクトルで生成されるので，ゾノトープ Z は全次元的である．加えて，Z は体積 $|\det([a_1 \, a_2 \, \cdots \, a_n])|$ の組合せ的な立方体であり，基底ベクトルの整数結合による変換により全空間を占める．

ゾノトープ Z の端点集合を V とする．原点以外の各端点がヒルベルト基底 B に対応するので，$|B| \geq |V| - 1 = 2^n - 1$ となる．

任意の点 $x \in \mathbb{R}^n$ において，単位立方体は

$$U_x = \{y : \text{各 } i \in [n] \text{ において } x_i - 1/2 \leq y_i \leq x_i + 1/2\}$$

と定義される．ゾノトープ Z の内部の点の単位立方体を考えよう．これらの単位立方体は内部は交差することなく，これらの和集合の体積は少なくとも Z と同じ大きさである．なぜなら，基底ベクトルの整数結合による変換により，この和集合が全空間を占めるからである．

$$Z \cap \left(\bigcup_{x \in V} U_x \right)$$

の体積は 1 に等しい．Z の残りの体積をカバーするためには，内点を中心とする単位立方体が少なくとも $|\det([a_1 \, a_2 \, \cdots \, a_n])| - 1$ 個必要である．したがって，Hilbert 基底のサイズは少なくとも $2^n + |\det([a_1 \, a_2 \, \cdots \, a_n])| - 2$ である．これは厳密な下界である．錐 C が直交単位ベクトル $\{e_1, e_2, \ldots, e_n\}$ で定義されるとき，Z の体積は 1 単位分であり，B のサイズは $2^n - 1$ となる．

演習問題 4.1 （ゾノトープの双対）

1. 少なくとも 1 つの添字 j において $0 < \lambda_j < 1$ を満たすゾノトープの任意の点 $x = \sum_{i=1}^{k} \lambda_i v_i$ を考える．十分小さな ϵ のとき，$y := (\lambda_j + \epsilon) v_j + \sum_{i=1, i \neq j}^{k} \lambda_i v_i$ も $z := (\lambda_j - \epsilon) v_j + \sum_{i=1, i \neq j}^{k} \lambda_i v_i$ もゾノトープに含まれる．点 x は y と z の

凸結合であることから，端点ではない．

2. $v_1 = 2e_1$, $v_2 = 2e_2$, $v_3 = e_1 + e_2$ とし，対応する区間がゾノトープを定義する．点 v_3 は端点の形をしているが，$v_3 = \frac{1}{2}v_1 + \frac{1}{2}v_1$ に等しいことから，v_3 は端点ではない．

3. 演習問題にある任意のゾノトープを Z とする．ある多面体 $Z' = I'_1 + I'_2 + \cdots + I'_k$ を定義する．ただし，$I'_1 := \left[-\frac{1}{2}v_1, \frac{1}{2}v_1\right]$, $I'_2 := \left[-\frac{1}{2}v_2, \frac{1}{2}v_2\right]$ などとする．Z' と Z の面束が同じであること，つまり両者が組合せ的同値であることを示そう．両者は双対多面体の集合を共有しているので，ゾノトープ Z' の双対を見つければ十分である．原点は Z' の内部にあるので，双対をとる手順は適用可能である．1. で示したとおり，Z' の任意の端点は $\sum_{i=1}^{k} \lambda_i v_i$ の形で書ける．ただし，$i = 1, \ldots, k$ において，$\lambda_i \in \{-\frac{1}{2}, \frac{1}{2}\}$ とする．双対多面体の H-表現は

$$\left\{ x : \sum_{i=1}^{k} \lambda_i v_i^T x \le 1, \ \lambda_i \in \left\{-\frac{1}{2}, \frac{1}{2}\right\}, \ i = 1, \ldots, k \right\}$$

となる．2. で見たように，$i = 1, \ldots, k$ において $\lambda_i \in \{-\frac{1}{2}, \frac{1}{2}\}$ であるとき，どの点 $x = \sum_{i=1}^{k} \lambda_i v_i$ も端点になるわけではない．端点から生ずる制約の凸結合という制約となり，冗長である．

演習問題 4.2 （Euler の関係）

1. 3-単体の f-ベクトルは $(1, 4, 6, 4, 1)$ である．2 つの 3-単体をつなぎあわせると，f-ベクトルが $(1, 5, 9, 6, 1)$ である多面体が得られる．後者の双対多面体は三角柱である．この f-ベクトルは $(1, 6, 9, 5, 1)$ である．最後に，f-ベクトルが $(1, 5, 8, 5, 1)$ である自己双対四角錐 (self-dual square pyramid) が存在する．

2. どの 3-多面体も Euler の関係 $f_0 - f_1 + f_2 = 2$ を満たす．各頂点には少なくとも 3 本の辺が接続しているので，$2f_1 \ge 3f_0$ が成立する．各ファセットは少なくとも 3 本の辺で囲まれているので，$2f_1 \ge 3f_2$ となる．これら 3 つの条件を満たし $f_1 \le 9$ である f-ベクトルが 1. で述べた 4 つに限られることは容易に示せる．任意の f-ベクトルに対して，異なる組合せ構造，つまり非同型な面束をもつ多面体が存在するかもしれない．しかし，辺の数が 9 以下ならば，その組合せ構造は一意に定まる．実現可能な f-ベクトルについてこの事実を示そう．まず，f-ベクトル $(1, 4, 6, 4, 1)$ と $(1, 5, 9, 6, 1)$ についてである．$2f_1 = 3f_2$ を実現する多面体はどれも三角形のファセットだけで構成され，対応する面束は一意に決定される．双対性から，f-ベクトル $(1, 6, 9, 5, 1)$ である多面体も一意に定まる組合せ構造を有する．$(1, 5, 8, 5, 1)$ を実現する各多面体は 4 つの三角形と 1 つの四角形で構成されることから，四角錐が唯一の実現となる．

演習問題 4.3 （サッカーボール）

1. 3 次元単純多面体を考えればよいので，各頂点に隣接する辺の数はちょうど 3 に等しい．したがって，頂点数 n に対して，辺の数は $\frac{3n}{2}$ である．Euler の関係か

176 演習問題の解答

ら，任意の 3 次元多面体の頂点数が f_0，辺数が f_1，ファセット数が f_2 のとき，$f_0 - f_1 + f_2 = 2$ が成立する．f_2 について解くと，ファセット数 $2 + \frac{n}{2}$ が得られる．

2. 五角形の数を p，六角形の数を h とする．p と h に関して，頂点数は $\frac{5p+6h}{3}$ となり，辺の数は $\frac{5p+6h}{2}$ となる．ファセット数が $p + h$ であることは明らかである．Euler の関係にこれらを代入し，五角形の数は $p = 12$ となる．六角形はそれぞれ 3 つの五角形に隣接し，五角形はそれぞれ 5 つの六角形に隣接することから，$5p = 3h$ が成立する．したがって，六角形の数は $h = 20$ となる．

3. Euler の関係から，頂点数 n とすると $f_2 = 2 + f_1 - n$ と書けるので，辺数の最大化はファセット数の最大化と同じである．この等式の両辺をファセット数 f_2 で割ると，

$$\frac{f_1}{f_2} = 1 + \frac{n-2}{f_2}$$

が得られる．つまり，f_2（または f_1）の最大化は $\frac{f_1}{f_2}$ の最小化と同じである．多面体のどのファセットも三角形であるとき，つまり単体的であるとき，後者の表現が最小化される．単体的多面体の辺の数は $\frac{3f_2}{2}$ に等しい．したがって，Euler の関係から $f_2 = 2n - 4$ かつ $f_1 = 3n - 6$ である．2. を考えると，サッカーボールの頂点数は 60，辺数は 90，ファセット数は 32 となる．サッカーボールの双対は単体的多面体である．

演習問題 5.1 （シェリングの構成）

$P = \{x \in \mathbb{R} : Ax \le b\}$ を有理数表示の内点 z $(Az < b)$ を含む有理多面体とする．どの行制約 $A_i x \le b_i$ も冗長でないと仮定する．十分小さい定数 ϵ に対して，直線

$$l(t) := \{x \in \mathbb{R}^d : x = z + t \times (\epsilon, \epsilon^2, \ldots, \epsilon^d),\ t \in \mathbb{R}\}$$

を考える．定数 ϵ は，直線 $l(t)$ がどの支持超平面とも平行にならず，かつ直線と支持超平面とが相異なる点で交差するように選ばれる．

直線 $l(t)$ は支持超平面 $A_i x = b_i$ と $l(t_i)$ で交差するものとする．すでに学んだように，順序 $t_j < \cdots < t_l < 0 < t_m < \cdots < t_p$ から線シェリング $F_m, \ldots, F_p, F_j, \ldots, F_l$ が導かれる．あとは t_i を A, b と z で表現する問題が残されている．t_i を計算するため，t_i に関する等式系 $A_i(z + t_i \times (\epsilon, \epsilon^2, \ldots, \epsilon^d)) = b_i$ を解くと，

$$t_i = \frac{1}{\frac{1}{b_i - A_i z} A_i \times (\epsilon, \epsilon^2, \ldots, \epsilon^d)}$$

が得られる．十分小さい ϵ に対して，線シェリングにおいて F_j が F_i の前に配置されることは，$\frac{1}{b_i - A_i z} A_i <_{\text{lex}} \frac{1}{b_j - A_j z} A_j$ であることと同値である．

演習問題 6.1 （巡回多面体）

$\mathbb{R}^d$ 上のモーメント曲線を $m(t)$ とする．n $(> d)$ 個の実数値 $t_1 < t_2 < \cdots < t_n$ から

なる集合 $T := \{t_1, t_2, \ldots, t_n\}$ に対して，モーメント曲線上の相異なる点 $m(t_1), m(t_2),$ $\ldots, m(t_n)$ の凸包である巡回多面体を考える．Gale の偶数性条件は，$\{m(t_j) : t_j \in T_j\}$ がこの巡回多面体のファセットを決定するための必要十分条件である．

Gale の偶数性条件：d 点 $\{m(t_j) : t_j \in T_j\}$ が巡回多面体 $\mathrm{conv}(\{m(t_1), m(t_2), \ldots,$ $m(t_n)\})$ のファセットを決定することと，$(t_1, t_2, \ldots, t_n)$ において，$T \backslash T_j$ の任意の 2 つの要素が T_j の偶数個の要素で分割されることとは同値である．

多項式
$$p(t) := \prod_{t_j \in T_j} (t - t_j)$$
の次数は d であり，$a_0 + a_1 t + a_2 t^2 + \cdots + a_d t^d$ の形である．$t_j \in T_j$ であるすべての点 $m(t_j)$ を含む一方で，$t \in T \backslash T_j$ である残りの点 $t \in T \backslash T_j$ を含まない超平面

$$\{x : a_0 + a_1 x_1 + a_2 x_2 + \cdots + a_d x_d = 0\}$$

を構成する．この超平面は 2 つの開半空間を与える．$t \in T \backslash T_j$ におけるすべての頂点 $m(t)$ が同じ開半空間にあるとき，超平面は巡回多面体の境界となり，$\{m(t_j) : t_j \in T_j\}$ が面を決定する．モーメント曲線上にある任意の $d + 1$ 個の点はアフィン独立であるので，その面はファセットとなる．任意の実数 t に対して，$\mathrm{sign}(p(t))$ により点 $m(t)$ がどちらの開半空間にあるかが決定される．$T \backslash T_j$ の任意の 2 要素 $s < t$ をとり，$\mathrm{sign}(p(s))$ と $\mathrm{sign}(p(t))$ を比較してみよう．$t_j < s$ または $t_j > t$ を満たす任意の $t_j \in T_j$ において，$\mathrm{sign}(s - t_j) = \mathrm{sign}(t - t_j)$ である．$s < t_j < t$ である任意の $t_j \in T_j$ において，$\mathrm{sign}(s - t_j) \neq \mathrm{sign}(t - t_j)$ である．結果として，$\mathrm{sign}(p(s)) = \mathrm{sign}(p(t))$ と，T_j の中で s と t の間にある t_j の数が偶数であることは同値である．

演習問題 6.2（立方体上の LP 向き付け）

1. d-立方体は単純である．補題 6.5 で述べたように，単純多面体 P の h-ベクトルは線形計画問題：最大化 $c^T x$，制約条件 $x \in P$ における方向 c に依存しない．加えて，単純多面体の h-ベクトルは f-ベクトルで表現できる．h_i に関する式は

$$h_i(P) = \sum_{k=0}^{d} (-1)^{k-i} \binom{k}{i} f_k(F), \quad i - 1, \ldots, d$$

である．$f_k(d\text{-立方体}) = \binom{d}{k} 2^{d-k}$ であることから，

$$h_i(d\text{-立方体}) = \sum_{k=i}^{d} (-1)^{k-i} 2^{d-k} \binom{k}{i} \binom{d}{k}$$

$$= \frac{d!}{i!} \sum_{k=i}^{d} (-1)^{k-i} 2^{d-k} \frac{1}{(k-i)!(d-k)!}$$

である．ここで，$d' = d - i$，$k' = k - i$ とすると，

$$= \frac{d!}{i!} \sum_{k'=0}^{d'} (-1)^{k'} 2^{d'-k'} \frac{1}{k'!(d'-k')!}$$

$$= \frac{d!}{i!(d-i)!} \sum_{k'=0}^{d'} (-1)^{k'} 2^{d'-k'} \frac{d'!}{k'!(d'-k')!}$$

$$= \binom{d}{i} \sum_{k'=0}^{d'} (-1)^{k'} 2^{d'-k'} \binom{d'}{k'}$$

となる. 二項定理から, $\sum_{k'=0}^{d'} (-1)^{k'} 2^{d'-k'} \binom{d'}{k'} = (-1+2)^{d'} = 1$ であるので,

$$h_i(d\text{-立方体}) = \binom{d}{i}$$

が得られる.

2. グラフ G(4-立方体) は次のように描かれる. $\{0,1\}^4$ に含まれる相異なる 2 進ベクトルでラベル付けされた 6 つの頂点を描く. 1 要素のみが異なる 2 つのラベルをもつ頂点どうしを辺で結ぶ. 4-立方体の LP-向き付け $\overrightarrow{G}$(4-立方体) にするためには, すべてが 1 のベクトルを目的関数の方向である c として選ぶ. $v, u \in \{0,1\}^4$ を, 1 要素 i のみが異なる G(4-立方体) 上の 2 点とする. $v_i = 1$ かつ $u_i = 0$ であるとき, 頂点 v における目的関数値は u のそれより大きい. このとき, 辺 (u, v) を $\overrightarrow{G}$(4-立方体) の辺集合に加え, $v_i = 0$ かつ $u_i = 1$ であるときは, 辺 (v, u) を加える.

演習問題 7.1 (半整数性)

矛盾を導くため, 半整数でない成分 (x_e) を少なくとも 1 つ含む端点を x^* とする. ここで, 同じく半整数でない隣接する端点 $x_{e'}$ があるはずである. 同じ議論をくり返し適用していくと, 頂点数は有限であるので, ある時点でサイクル C にゆきつく. 矛盾を示すには, サイクルが x^* に現れないことを証明すればよい.

まず, サイクル C が偶数長であると仮定する. $x^* = \frac{x_1+x_2}{2}$ を満たす 2 つの実行可能解 x_1 と x_2 を見つければ十分である. x_1 と x_2 は, サイクル C 上にある辺以外で x^* に対応するものとする. これらの辺を, 図 S.1 のように $\pm\epsilon$ だけ摂動する. ϵ が十分小さければ, 摂動により実行可能性は破られない. $x^* = \frac{x_1+x_2}{2}$ より, これは実行可能領域の端点となりえない.

最後に, サイクル C は奇数長であり, 偶数長のサイクルが存在しないと仮定する. x^* が, サイクル上の辺が半整数であるようにとられていれば, 完了である. そうでない場合は, サイクル C が, C 上にない分数辺 (fractional edge) $x_{kr} > 0$ を与える頂点 k を含む. r から始めて, 第 2 のサイクル C' ができるまでこの辺を拡張する. C と C' は辺を共有しない. もし辺を共有するのであれば, 偶数長のサイクルが存在することになるからである. x_1 と x_2 は, サイクル C または C' 上にある辺か, これらを連結する分数辺の鎖以外で x^* に対応するものとする. x_1 の値を, 図 S.2 のように $\pm\epsilon$ だけ摂動する.

演習問題 7.2   179

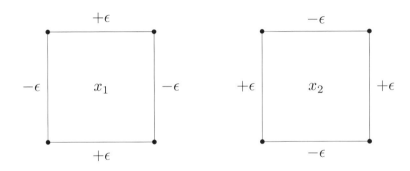

図 S.1　点の摂動

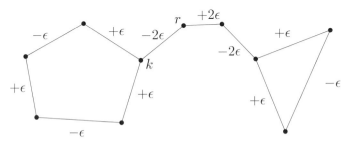

図 S.2　摂動したグラフ

同様に，実行可能な x_2 を得るため x^* を摂動するが，そのときは ϵ でなく $-\epsilon$ を用いる．再び，$x^* = \frac{x_1+x_2}{2}$ となることから，x^* は端点ではありえない．

演習問題 7.2（マッチング多面体の計算）

三角形 $\{1,2,5\}$ に花不等式を加えればよい．

演習問題 7.3（冗長な不等式）

1. 任意の線形不等式系を $Ax \leq b$ とする．ある $A_i x \leq b_i$ が冗長であると仮定する．つまり，すべての $j \neq i$ において $A_i \bar{x} > b_i$ かつ $A_j \bar{x} \leq b_j$ を満たすベクトル $\bar{x}$ が存在しないということである．次が同値な命題である．$A_i \tilde{x} > b_i \tilde{x_0}$ である一方で，すべての $j \neq i$ において $A_j \tilde{x} \leq b_j \tilde{x_0}$ であるベクトル $\tilde{x}$ と値 $\tilde{x_0} > 0$ は存在しない．$A_i x \leq b_i$ が $Ax \leq b$ において冗長であることと，$A_i x \leq b_i x_0$ が斉次化された $Ax \leq bx_0$ かつ $x_0 \geq 0$ において冗長であることは同値であることを証明する．十分条件はすぐにわかる．必要条件については，$x_0 = 0$ である場合を別に述べる必要がある．つまり，$A_i x \leq b_i$ が $Ax \leq b$ において冗長であるとき，$A_i \tilde{x} > 0$ かつ $A_j \tilde{x} \leq 0$ を満たす $\tilde{x}$ が存在しないことを示す必要がある．

　　矛盾を導くため，そのような点 $\tilde{x}$ が存在すると仮定する．$Ax \leq b$ に矛盾がな

180 演習問題の解答

いので，実行可能な x' が存在する．十分大きな定数 α に対して，頂点 $x' + \alpha\tilde{x}$ は
すべての $j \neq i$ で $A_i(x' + \alpha\tilde{x}) > b_i$ と $A_j(x' + \alpha\tilde{x}) \leq b_j$ を満たす．このような
頂点の存在は $A_i x \leq b_i$ の冗長性に矛盾する．

2. 矛盾のある不等式系 $x_1 \geq 1,\ x_1 \leq -1,\ x_2 \geq 0$ を考える．不等式 $x_2 \geq 0$ は冗長
である．なぜなら，もしこの不等式が削除されても，この系は矛盾があるままだ
からである．反対に，斉次化された $x_1 \geq x_0,\ x_1 \leq -x_0,\ x_2 \geq 0,\ x_0 \geq 0$ におい
て不等式 $x_2 \geq 0$ は冗長ではない．なぜなら，$\tilde{x}_0 = \tilde{x}_1 = 0$ かつ $\tilde{x}_2 < 0$ を満たす
$\tilde{x}$ が存在し，これは $x_2 < 0,\ x_1 \geq x_0,\ x_1 \leq -x_0,\ x_0 \geq 0$ を満たす．

演習問題 7.4 （冗長性）

$V \in \mathbb{Q}^{d \times s}$ と $R \in \mathbb{Q}^{d \times t}$ において生成元ペア (V, R) で生成される V-多面体を考える．

$$P_V(V, R) := \{x : x = V\lambda + R\mu,\ \mathbf{1}^T\lambda = 1,\ \lambda \geq \mathbf{0},\ \mu \geq \mathbf{0}\},$$

$$C_V(\hat{R}) := \left\{x : x = \begin{bmatrix} V & R \\ \mathbf{1}^T & \mathbf{0}^T \end{bmatrix},\ \mu \geq \mathbf{0}\right\},$$

$\begin{bmatrix} v_j \\ 1 \end{bmatrix}$ は $C_V(\hat{R})$ において冗長である

$$\Leftrightarrow \begin{bmatrix} v_j \\ 1 \end{bmatrix} = \sum_{i \neq j} \begin{bmatrix} v_j \\ 1 \end{bmatrix} \lambda_i + \sum_i \begin{bmatrix} r_i \\ 0 \end{bmatrix},\ \lambda \geq \mathbf{0},\ \mu \geq \mathbf{0}$$

$$\Leftrightarrow v_j = \sum_{i \neq j} v_i \lambda_i + \sum_i r_i \mu_i,\ \mathbf{1}^T\lambda = 1,\ \lambda \geq \mathbf{0},\ \mu \geq \mathbf{0}$$

$$\Leftrightarrow v_j \text{ は } P_V(V, R)) \text{ において冗長である．}$$

同様の議論が r_i においても成立する．

演習問題 8.1 （双行列ゲーム）

1. 答えは Yes であり，戦略のペア $x = (1, 0)$ と $y = (1, 0)$ が Nash 均衡である．そ
して，プレーヤー双方とも戦略を変える気はない．プレーヤー 1 は $a_{12} = 1$ より
$a_{11} = 6$ を，プレーヤー 2 は $b_{12} = 1$ より $b_{11} = 5$ を好む．ペア $x = (0, 1)$ と
$y = (0, 1)$ は別の Nash 均衡である．

2. プレーヤー 2 の戦略を $y = (1/2, 1/2)$ と仮定する．プレーヤー 1 が戦略 1 を選
ぶとき，その期待利得 (expected payoff) は $(6 + 3)/2 = 4.5$ である．代わりに，
期待利得 $(1 + 5)/2 = 3$ である戦略 2 を選ぶ．したがって，ペア $x = (1/2, 1/2)$
と $y = (1/2, 1/2)$ は Nash 均衡ではない．

3. P_1 と P_2 の非ゼロ端点を確率ベクトルへと調整する必要がある．プレーヤー 1
の戦略を $x_1 = (1, 0),\ x_2 = (3/7, 4/7),\ x_3 = (0, 1)$，プレーヤー 2 の戦略を
$y_1 = (1, 0),\ y_2 = (2/7, 5/7),\ y_3 = (0, 1)$ とすると戦略のペアは 9 つあるが，こ
のうち $(x_1, y_1),\ (x_2, y_2),\ (x_3, y_3)$ の 3 つだけが Nash 均衡であるための条件を満

たす.

演習問題 9.1 （中心的超平面アレンジメント）

1. 図 S.3 に示す.

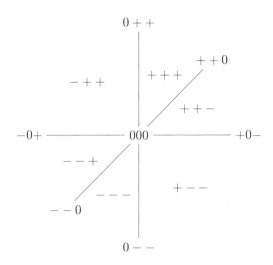

図 S.3　超平面アレンジメント $\mathcal{A}$

2. 図 S.4 に示す.

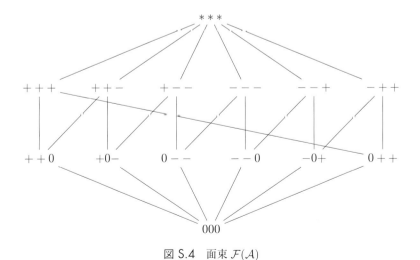

図 S.4　面束 $\mathcal{F}(\mathcal{A})$

182   演習問題の解答

3.

$$B = \begin{bmatrix} 0 & 3 \\ 2 & 1 \\ 0 & -1 \\ 2 & -3 \\ -2 & 3 \\ 0 & 1 \\ -2 & -1 \\ 0 & -3 \end{bmatrix}$$

で与えられる $P_A = \{x : Bx \leq \mathbf{1}\}$ がある．冗長な制約を除くと，

$$B' = \begin{bmatrix} 0 & 3 \\ 2 & 1 \\ 2 & -3 \\ -2 & 3 \\ -2 & -1 \\ 0 & -3 \end{bmatrix}$$

より $P_A = \{x : B'x \leq \mathbf{1}\}$ となる．多面体 $(P_A)^*$ は点 $(0,3)$, $(2,1)$, $(2,-3)$, $(-2,3)$, $(-2,-1)$, $(0,-3)$ の凸包である．

演習問題 9.2（中心的超平面アレンジメントの面束）

多面体 P_A を
$$P_A := \{x : y^T A x \leq 1,\ \forall y \in \{1,-1\}^m\}$$
と定義する．

1. 各 $y \in \{1,-1\}^m$ において

$$\mathrm{sgn}(Ax)^T Ax = \sum_{i=1}^m |Ax| \geq y^T Ax$$

であることから，$p(x) \in P_A$ であることがわかる．
2. $y \in a(p(x))$ と $y^T A p(x) = 1$ とは同値である．後者の表現は $y^T Ax = \mathrm{sgn}(Ax)^T Ax$ と等価である．移項すると $(\mathrm{sgn}(Ax) - y)^T Ax = 0$ となる．つまり，$(Ax)_i \neq 0$ である任意の i において，$\mathrm{sgn}(Ax)_i = y_i$ である．

参考文献

[1] GMP, GNU's library for arbitrary precision arithmetic. `https://gmplib.org/`.

[2] K. Allemand, K. Fukuda, T. M. Liebling, and E. Steiner. A polynomial case of unconstrained zero-one quadratic optimization. *Mathematical Programming, Ser. A*, 91:49–52, 2001.

[3] D. Avis. *lrs homepage*. McGill University. `https://cgm.cs.mcgill.ca/~avis/C/lrs.html`.

[4] D. Avis, D. Bremner, and R. Seidel. How good are convex hull algorithms. *Computational Geometry: Theory and Applications*, 7:265–302, 1997.

[5] D. Avis and K. Fukuda. A pivoting algorithm for convex hulls and vertex enumeration of arrangements and polyhedra. *Discrete Comput. Geom.*, 8:295–313, 1992.

[6] D. Avis and K. Fukuda. Reverse search for enumeration. *Discrete Applied Mathematics*, 65:21–46, 1996.

[7] M. Balinski. An algorithm for finding all vertices of convex polyhedral sets. *Journal of the Society for Industrial and Applied Mathematics*, pages 72–88, 1961.

[8] M. Balinski. On the graph structure of convex polyhedra in n-space. *Pacific J. Math.*, 11:431–434, 1961.

[9] C. Barber, D. Dobkin, and H. Huhdanpaa. *qhull, Version 2003.1*, 2003. program and report available from `http://www.qhull.org/`.

[10] A. Björner, M. Las Vergnas, B. Sturmfels, N. White, and G. Ziegler. *Oriented matroids*. Cambridge University Press, Cambridge, second edition, 1999.

[11] D. Bremner. Incremental convex hull algorithms are not output sensitive. *Discrete Comput. Geom.*, 21:57–68, 1999.

[12] G. Brightwell and P. Winkler. Counting linear extensions is #P-complete. *Order*, 8:225–242, 1991.

[13] H. Bruggesser and P. Mani. Shellable decomposition of cells and spheres. *Mathematica Scandinavia*, 29:197–205, 1971.

[14] G. Ceder, G. Garbulsky, D. Avis, and K. Fukuda. Ground states of a ternary fcc lattice model with nearest and next-nearest neighbor interactions. *Physical Review B*, 49(1):1–7, 1994. pdf file available from `https://journals.aps.org/prb/abstract/10.1103/PhysRevB.49.1`.

[15] T. Christof and A. Löbel. POlyhedron Representation Transformation Algo-

rithm, 2015. http://www.zib.de/Optimization/Software/Porta/.

[16] V. Chvatal. *Linear Programming*. W.H.Freeman and Company, 1983.

[17] K. L. Clarkson. More output-sensitive geometric algorithms. In *Proc. 35th Annu. IEEE Sympos. Found. Comput. Sci.*, 695–702, 1994. https://kenclarkson.org/pubs.html.

[18] W. Cook, W. Cunningham, W. Pullyblank, and A. Schrijver. *Combinatorial optimization*. Series in Disctrete Mathematics and Optimization. John Wiley & Sons, 1998.

[19] M. Deza, K. Fukuda, and M. Laurent. The inequicut cone. *Discrete Mathematics*, 119:21–48, 1993.

[20] M. Deza and M. Laurent. *Geometry of cuts and metrics*, volume 15 of *Algorithms and Combinatorics*. Springer-Verlag, Berlin, 1997.

[21] M. Dyer and L. Proll. An algorithm for determining all extreme points of a convex polytope. *Mathematical Programmming*, 12:81–96, 1977.

[22] H. Edelsbrunner, J. O'Rourke, and R. Seidel. Constructing arrangements of lines and hyperplanes with applications. *SIAM J. Comput.*, 15:341–363, 1986.

[23] J. Edmonds. Path, trees, and flowers. *Canadian J. Math.*, 17:449–467, 1965.

[24] J. Ferrez, K. Fukuda, and T. M. Liebling. Solving the fixed rank convex quadratic maximization in binary variables by a parallel zonotope construction algorithm. *European Journal of Operational Research*, 166:35–50, 2005. http://authors.elsevier.com/sd/article/S0377221704003352.

[25] L. Finschi. *A graph theoretical approach for reconstruction and generation of oriented matroids*. Ph.D. Thesis, Swiss Federal Institute of Technology, Zurich, 2001. https://www.research-collection.ethz.ch/handle/20.500.11850/68107.

[26] A. Frank. How to make a digraph strongly connected. *Combinatorica*, 1(2):145–153, 1981.

[27] K. Fukuda. *cdd, cddplus and cddlib homepage*. Swiss Federal Institute of Technology, Zurich. https://people.inf.ethz.ch/fukudak/cdd_home/index.html.

[28] K. Fukuda. From the zonotope construction to the Minkowski addition of convex polytopes. *Journal of Symbolic Computation*, 38(4):1261–1272, 2004.

[29] K. Fukuda. Polyhedral computation FAQ, 2022. Both html and pdf versions available from https://people.inf.ethz.ch/fukudak/soft/soft.html.

[30] K. Fukuda, A. Jensen, and R. Thomas. Computing Gröbner fans. *Mathematics of Computation*, 76:2189–2212, 2007.

[31] K. Fukuda, T. M. Liebling, and F. Margot. Analysis of backtrack algorithms for listing all vertices and all faces of a convex polyhedron. *Computational Geometry*, 8:1–12, 1997. http://www.sciencedirect.com/science/journal/09257721.

[32] K. Fukuda and A. Prodon. Double description method revisited. In M. Deza,

R. Euler, and I. Manoussakis, editors, *Combinatorics and Computer Science*, 91–111. Lecture Notes in Computer Science 1120. Springer-Verlag, 1996.

[33] K. Fukuda, A. Prodon, and T. Sakuma. Notes on acyclic orientations and the shelling lemma. *Theoretical Computer Science*, 263:9–16, 2001.

[34] K. Fukuda, S. Saito, and A. Tamura. Combinatorial face enumeration in arrangements and oriented matroids. *Discrete Applied Mathematics*, 31:141–149, 1991.

[35] 福田公明, 田村明久. 『計算による最適化入門』 (コンピュータが育む数学の展開). 共立出版, 2022.

[36] K. Fukuda and C. Weibel. f-vectors of Minkowski additions of convex polytopes. *Discrete Comput. Geom.*, 37:503–516, 2007.

[37] M. R. Garey and D. S. Johnson. *Computers and Intractability*. W. H. Freeman, 1979.

[38] P. Gritzmann and B. Sturmfels. Minkowski addition of polytopes: computational complexity and applications to Gröbner bases. *SIAM J. Dics. Math.*, 6:246–269, 1993.

[39] M. Grötschel, L. Lovász, and A. Schrijver. *Geometric algorithms and combinatorial optimization*. Springer-Verlag, Berlin, 1988.

[40] B. Grünbaum. *Convex polytopes*, volume 221 of *Graduate Texts in Mathematics*. Springer-Verlag, New York, second edition, 2003. Prepared and with a preface by Volker Kaibel, Victor Klee and Günter M. Ziegler.

[41] 日比孝之. 『凸多面体論』. 共立出版, 2022.

[42] A. Jensen. The Gfan Homepage, 2024. https://users-math.au.dk/jensen/software/gfan/gfan.html.

[43] G. Kalai. Linear programming, the simplex algorithm and simple polytopes. *Math. Programming*, 79(1-3, Ser. B):217–233, 1997. Lectures on mathematical programming (ismp97) (Lausanne, 1997), pdf file available from http://ma.huji.ac.il/~kalai/papers.html.

[44] L. Khachiyan. Complexity of polytope volume computation. In J. Pach, editor, *New Trends in Discrete and Computational Geometry*, pages 91–101. Springer Verlag, Berlin, 1993.

[45] L. Khachiyan, E. Boros, K. Borys, K. Elbassioni, and V. Gurvich. Generating all vertices of a polyhedron is hard. *Discrete Comput. Geom.*, 39(1-3):174–190, 2008.

[46] D. Knuth and J. Szwarcfiter. A structured program to generate all topological sorting arrangements. *Information Processing Letters*, 2:153–157, 1974.

[47] J. J. Kutcha and F. J. Valero-Cuevas. Muscle redundancy does not imply robustness to muscle dysfunction. *Mathematika*, 44:1264–1270, 2011.

[48] C. Lemke and J. J.T. Howson. Equilibrium points of bimatrix games. *Journal of the Society for Industrial and Applied Mathematics*, 12:413–423, 1964.

[49] N. Linial. Hard enumeration problems in geomety and combinatorics. *SIAM*

J. Alg. Disc. Meth., 7:331–335, 1986.

[50] L. Lovasz and M. Plummer. *Matching Theory*. North Holland, 1986.

[51] J. Matoušek. *Lectures on discrete geometry*, volume 212 of *Graduate Texts in Mathematics*. Springer-Verlag, New York, 2002.

[52] 松本幸夫. 『多様体の基礎』（基礎数学 5）. 東京大学出版会, 1988.

[53] 松坂和夫. 『集合・位相入門』. 岩波書店, 1968.

[54] P. McMullen. The maximum numbers of faces of a convex polytope. *Mathematika*, 17:179–184, 1970.

[55] P. McMullen and G. Shephard. *Convex polytopes and the upper bound conjecture*. Cambridge University Press, 1971.

[56] T. Motzkin, H. Raiffa, G. Thompson, and R. Thrall. The double description method. In H. Kuhn and A.W.Tucker, editors, *Contributions to Theory of Games, Vol. 2*. Princeton University Press, Princeton, RI, 1953.

[57] K. Mulmuley. *Computational Geometry, An Introduction Through Randamized Algorithms*. Prentice-Hall, 1994.

[58] K. Murty. An algorithm for ranking all the assignments in order of increasing costs. *Operations Research*, 16:682–687, 1968.

[59] J. Nash. Non-cooperative games. *Annals of Mathematics*, 54:286–295, 1951.

[60] G. Nemhauser and L. Wolsey. *Integer and Combinatorial Optimization*. John Wiley & Sons, 1988.

[61] J. Petit. *Specification Geometrique des Produits: Methode d'Analyse de Tolerances*. Ph.D. Thesis, Université de Savoie, France, 2004.

[62] G. Pruesse and F. Ruskey. Generating linear extensions fast. preprint, 1993. to appear in SIAM J. Computing.

[63] J. Rambau. *TOPCOM.* https://www.wm.uni-bayreuth.de/de/team/rambau_joerg/TOPCOM/index.html.

[64] N. Sambanis and M. Doyle. No easy choices: Estimating the effects of Unoted Nat ions peacekeeping (response to King and Zeng. *International Studies Quarterly*, 51:217–226, 2007.

[65] R. Savani and B. von Stengel. Exponentially many steps for finding a Nash equilibrium in a bimatrix game. In *Proc. 45th Annual IEEE Symposium on Foundations of Computer Science (FOCS 2004)*, pages 258–267, 2004.

[66] A. Schrijver. *Theory of linear and integer programming*. John Wiley & Sons, New York, 1986.

[67] A. Schrijver. *Combinatorial optimization. Polyhedra and efficiency. Vol. A, B, C*, volume 24 of *Algorithms and Combinatorics*. Springer-Verlag, Berlin, 2003.

[68] P. Seymour. A note on hyperplane generation. *J. Combin. Theory, Series B*, 61:88–91, 1994.

[69] R. P. Stanley. Two poset polytopes. *Discrete Comput. Geom.*, 1(1):9–23, 1986.

[70] H. R. Tiwary. On the hardness of computing intersection, union and Min-

kowski sum of polytopes. *Discrete Comput. Geom.*, 40(3):469–479, 2008.

[71] B. von Stengel. New maximal numbers of equilibria in bimatrix games. *Discrete Comput. Geom.*, 21(4):557–568, 1999.

[72] B. von Stengel. Computing equilibria for two-person games. In R. J. Aumann and S. Hart, editors, *Handbook of game theory*, volume 3, pages 1947–1987. North-Holland, Amsterdam, 2002. available from `http://www.maths.lse.ac.uk/Personal/stengel/bvs-publ.html`.

[73] 渡辺 治. 『計算可能性・計算の複雑さ入門』（アルゴリズムシリーズ 3）. 近代科学社, 1992.

[74] T. Zaslavsky. *Facing up to arrangements: face-count formulas for partitions of space by hyperplanes*, volume 1(1): No. 154 MR 50 of *Mem. Amer. Math. Soc.* American Mathematical Society, 1975.

[75] G. Ziegler. *Lectures on polytopes*. Graduate Texts in Mathematics 152. Springer-Verlag, 1994.

[76] G. Ziegler（八森正泰, 岡本吉央 訳）. 『凸多面体の数学』. シュプリンガー・フェアラーク東京, 2003.

索　引

数字

3-SAT ⇒ SAT

A

A-オラクル ⇒ 隣接オラクル

C

Carathéodory の定理, 24

Clarkson のアルゴリズム ⇒ アルゴリ
ズム

D

DD ペア ⇒ Fourier–Motzkin 消去

Dehn–Sommerville の関係, 80

E

Euclid のアルゴリズム ⇒ アルゴリズム

Euler の関係, 71

F

Fourier–Motzkin 消去 ⇒ アルゴリズム

G

Gale の偶数性条件, 77

H

H-冗長性除去 ⇒ 多面集合

h-ベクトル ⇒ 多面体

Helly の定理, 24

Hilbert 基底, 40

I

IP, 39

L

LP, 19

最適解, 20

実行可能, 20

実行可能解, 20

弱双対性, 21

主問題, 20

双対問題, 20

相補スラック性, 23

非有界, 20

M

McMullen ⇒ 上限定理

Minkowski–Weyl の定理 ⇒ 多面集合

Minkowski 分割, 135

MIP, 45

R

Radon の定理, 24

ray shooting ⇒ アルゴリズム

S

SAT, 39

Seymour, 130

あ

アフィン従属, 24

アフィン独立, 24

アルゴリズム

Clarkson のアルゴリズム, 88

Euclid のアルゴリズム, 4

Fourier–Motzkin 消去, 37

ray shooting, 88

インクリメンタル, 101

逆探索, 107, 138
コンパクト, 100
出力–多項式時間, 100
二重表現法, 103
ピボットアルゴリズム, 105
アレンジメント ⇒ 超平面アレンジメント
Hermite 標準形, 6

か
活性
　　生成元, 50
　　不等式, 50
行列
　　行添字, iv
　　行ベクトル, iv
　　実行列, v
　　スカラー, iv
　　整数行列, v
　　成分, iv
　　転置, v
　　表記法, iv
　　有理数行列, v
　　列添字, iv
　　列ベクトル, iv
ケーキカット ⇒ 超平面アレンジメント
格子
　　基底, 12
　　全次元的, 11
　　双対, 13
混合整数計画 ⇒ MIP

さ
巡回多面体 ⇒ 多面体
上限定理, 76
冗長 ⇒ 多面集合
錐, 25
　　双対錐, 28
　　双対性, 52
　　双対定理, 52
　　多面的錐, 26
　　有限生成錐, 26

整数計画 ⇒ IP
整数線形計画 ⇒ IP
整数包 ⇒ 多面集合
セル複体 ⇒ 複体
線形計画 ⇒ LP
束
　　多面体的, 48
ゾノトープ構成
　　拡張, 138

た
多面集合, 16
　　H-次元, 85, 90
　　H-冗長性, 84, 86
　　H-冗長性除去, 87
　　H-多面集合, 26
　　H-表現, 26
　　i-面, 29
　　Minkowski–Weyl の定理, 26
　　V-多面集合, 26
　　V-表現, 26
　　後退錐, 28
　　次元, 48
　　自明な面, 29
　　冗長, 84
　　整数包, 40, 42
　　線形性空間, 28
　　尖状, 28
　　双対性, 48
　　妥当不等式, 29
　　頂点, 29
　　特性錐, 28
　　表現, 25
　　ファセット, 29
多面体, 16
　　f-ベクトル, 48
　　H-多面体, 26
　　h-ベクトル, 79
　　k-面, 48
　　V-多面体, 26
　　極, 49

組合せ構造, 48
グラフ, 59
シェリング, 65
巡回, 75
線シェリング, 65
双対, 49
双対グラフ, 59
双対性, 48, 54
双対定理, 49
双対ペア, 57
ゾノトープ, 133
単純, 57
単体的, 57
頂点, 29
ファセット, 29
辺, 29
見える半球, 68
面束, 48
リッジ, 29
多面体計算の難問, 145
多面集合の K-頂点, 145
多面集合の最適頂点, 145
多面体確認問題, 149
超平面アレンジメントにおける K-
頂点, 147
超平面アレンジメントにおける最適
頂点, 147
非有界多面体における頂点列挙, 149
多面体の Minkowski 和, 133
単模行列, 7
超平面アレンジメント, 116
ケーキカット, 116
上限定理, 124
セル, 121
セル列挙, 129
中心的, 121
頂点列挙, 129
開いた面, 121
複体, 121
面, 121
面数え上げ, 124

面ポセット, 121
面列挙, 129
領域, 121
点配置, 125
凸多面集合 ⇒ 多面集合
凸多面体 ⇒ 多面体
凸包, 23

な
2 進符号 ⇒ 符号サイズ

は
複体, 69
B-シェラブル, 70
S-シェラブル, 70
境界複体, 69
次元, 69
純, 70
体, 69
符号サイズ, 1

ま
モーメント曲線, 75

ら
隣接オラクル, 108

Memorandum

Memorandum

Memorandum

Memorandum

Memorandum

Memorandum

【著者紹介】

福田公明（ふくだ こうめい）

1982 年 カナダ ウォータールー大学大学院博士課程修了，Ph.D. (Mathematics)
現　在 スイス連邦工科大学チューリッヒ校 (ETH Zurich) 名誉教授
専　門 最適化，計算幾何学，マトロイド理論
著　書 『計算による最適化入門』（共著，共立出版，2022）
　　　 Mathematical Software — ICMS 2010（編集，Springer，2010）

森山園子（もりやま そのこ）

2006 年 博士（情報理工学）取得（東京大学大学院情報理工学系研究科）
現　在 日本大学文理学部情報科学科教授
専　門 組合せ幾何学

コンピュータが育む数学の展開
凸多面体と計算
Convex Polyhedra and Computation

2025 年 1 月 31 日　初版 1 刷発行

著　者　福田公明　　　　　Ⓒ 2025
　　　　森山園子

発行者　南條光章

発行所　**共立出版株式会社**
　　　　〒 112-0006
　　　　東京都文京区小日向 4-6-19
　　　　電話番号 03-3947-2511（代表）
　　　　振替口座 00110-2-57035
　　　　www.kyoritsu-pub.co.jp

印　刷
製　本　藤原印刷

検印廃止
NDC 414.13, 007.1
ISBN 978-4-320-11522-4

一般社団法人
自然科学書協会
会員

Printed in Japan

[JCOPY] ＜出版者著作権管理機構委託出版物＞

本書の無断複製は著作権法上での例外を除き禁じられています．複製される場合は，そのつど事前に，出版者著作権管理機構（ＴＥＬ：03-5244-5088，ＦＡＸ：03-5244-5089，e-mail：info@jcopy.or.jp）の許諾を得てください．

コンピュータが育む数学の展開

編集委員：高山信毅・濱田龍義

20世紀後半から爆発的に進展したコンピュータと数学の関係の中で、数学アルゴリズムを中心として構成している。姉妹シリーズ「コンピュータと数学の織りなす革新」と共に、数学関係者や数学を応用したい読者に最適である。

計算による最適化入門

福田公明・田村明久 著

最適化問題に関して具体的な例の計算を取り扱いながら、主に線形最適化と組合せ最適化という二つの主題を中心に解説していく。　定価3630円(税込)ISBN978-4-320-11521-7

凸多面体と計算

福田公明・森山園子 著

凸多面体の古典的な結果に加え、計算量とアルゴリズム設計の両方の観点から、多面体計算における基本的かつ発展的な手法を解説。　定価4070円(税込)ISBN978-4-320-11522-4

＜続刊テーマ＞
群論－計算でマスター／代数幾何－計算でマスター／計算結び目理論／計算極小曲面論／関数論と平面幾何学／フラクタルと計算／離散数学と計算／幾何的手法による数値解析

\ 姉妹シリーズ /

コンピュータと数学の織りなす革新

編集委員：高山信毅・濱田龍義

分野によらない内容や数学ソフトウェアを武器として数学に取り組む新しい方向を目指して構成。

数学ソフトウェアの作り方

高山信毅・野呂正行・小原功任・藤本光史 著
数学ソフトウェアを開発するための必須知識を解説する！
定価3850円(税込)ISBN978-4-320-11531-6

＜続刊テーマ＞
紙と計算機による数学入門／紙と数学による計算機入門／Proof Checker活用法／JavaScriptによる数式処理

【各巻：A5判・並製・税込価格】　共立出版　（価格は変更される場合がございます）